思 维 致 胜

How To Own Your Own Mind

［美］拿破仑·希尔（Napoleon Hill） 著

王海燕 译

中国科学技术出版社

·北 京·

HOW TO OWN YOUR OWN MIND/ISBN:978-0-14-311152-8
COPYRIGHT © 2017 by The Napoleon Hill Foundation.
The Simplified Chinese translation rights arranged through Rightol Media（本书中文简体版权经由锐拓传媒取得 Email:copyright@rightol.com）

北京市版权局著作权合同登记 图字：01-2020-5664。

图书在版编目（CIP）数据

思维致胜 /（美）拿破仑·希尔著；王海燕译 . —北京：中国科学技术出版社，2021.3
书名原文：How To Own Your Own Mind
ISBN 978-7-5046-8882-8

I. ①思… II. ①拿… ②王… III. ①成功心理—通俗读物 IV. ① B848.4-49

中国版本图书馆 CIP 数据核字（2021）第 054024 号

策划编辑	杜凡如　赵　嵘	正文设计	锋尚设计
责任编辑	陈　洁	责任校对	张晓莉
封面设计	马筱琨	责任印制	李晓霖

出　　版	中国科学技术出版社
发　　行	中国科学技术出版社有限公司发行部
地　　址	北京市海淀区中关村南大街 16 号
邮　　编	100081
发行电话	010-62173865
传　　真	010-62173081
网　　址	http://www.cspbooks.com.cn

开　　本	880mm×1230mm　　1/32
字　　数	180 千字
印　　张	6.5
版　　次	2021 年 3 月第 1 版
印　　次	2021 年 3 月第 1 次印刷
印　　刷	北京盛通印刷股份有限公司
书　　号	ISBN 978-7-5046-8882-8/B·84
定　　价	69.00 元

本书由影响了几代人的美国现代成功学大师和畅销励志书作家拿破仑·希尔撰写。1908年，希尔有幸采访了美国钢铁大亨、"世界钢铁大王"——安德鲁·卡内基。卡内基概述了17个个人成功原则，并委托希尔通过采访美国当代成功人士，深入研究这些原则。

　　由于希尔采访卡内基的时间是1908年，美国已经走向工业化，新兴技术层出不穷，经济快速发展。因此这次的访谈中会包含二人所处时代的政治、经济等相关方向的论述。虽然这些论述与我国实际情况有较大差异，但是希尔对于个人成功哲学的研究，对于现阶段的我们仍有较大的借鉴意义。成功的方法不分国界，不会过时。因此我们仍然希望把个人成功哲学的精华展现给读者。希望阅读本书的你可以通过学习和践行本书中的内容，成为一个成功的人，同时可以为社会奉献一份力量。

代序

　　1941年，拿破仑·希尔创作并出版了17本小册子，每一本小册子都阐述了希尔在研究美国20年成功故事的过程中所形成的个人成功原则。作为一个初出茅庐的记者，他采访了伟大的钢铁大亨安德鲁·卡内基，卡内基概述了成功的原则，并委托年轻的希尔深入研究这些原则是如何为当时和更早时代的伟人的成功做出贡献的。他把这一系列小册子称为"智力爆炸"，这是卡内基曾用来描述17个原则的一个词。

　　小册子出版后不久，珍珠港遭到袭击，美国卷入了第二次世界大战。在准备并最终赢得那场战争的过程中，美国公众抛弃了"智力爆炸"，它具有许多其他的重要意义，但没有战争重要。它在拿破仑·希尔基金会的档案馆里蒙上了厚厚的灰尘，直到最近才被重新发现，现在拿破仑·希尔基金会以书本的形式再版。

　　这本书是由拿破仑·希尔基金会汇集了3个相关章节的"智力爆炸"的杰作。每一个都涉及如何在行动之前思考，从而着眼于识别机会，明确自己的主要目标并加以完善。掌握了这些章节，你将知道如何掌控自己的思想。

　　第一章阐述了创新致胜思维的本质。1908年，卡内基在向年轻的希尔解释其研究时提到，想象力是其中的主要组成部分。卡内基举例说明了人们如何通过想象力在诸如发明和销售之类的多样化活动中获得成功，其重点是必须运用想象力。卡内基认为，"转瞬即逝的想法"和"仅仅是愿望"是不足以创造发明和实现销售的。人们必须认识到机会，并根据这些机会采取行动。这就是创新致胜思维的本质。卡内基还详细介绍了成功应用创新致胜思维的人所使用的10个成功原则。

希尔引用了他对卡内基的采访，并在大约33年后写下了自己的评论。他提出了创新致胜思维及从中受益的许多改善社会和行业的想法，其中许多想法都超前于他们的时代。同时，他还列举了当时一些使用创新致胜思维从而取得成功的人的例子。

综上，卡内基和希尔的见解为我们上了一堂令人信服的课，告诉我们如何利用创新致胜思维，识别机遇并实现目标。

第二章论述了有条理的思想原则的重要性。通过使用三幅图，希尔阐明了一个人如何达到并使用有条理的思想来成功地控制自己的目标。我相信你会像我一样意识到这三幅图值得反复研究，每读一次都会发现一些新的东西。它们揭示了在采取行动时，有条理的思想、意志力和自律是如何与思维能力、五种感官、人类的基本动机和其他成功原则相互作用，从而产生结果的。这是必不可少的，没有行动的思维是无效的。

希尔解释了归纳推理和演绎推理以及社会遗传对有条理的思想发展做出的贡献。同时他还解释了习惯的好坏对于影响人们实现有条理的思想能力的重要性。这一章最后摘录了年轻的希尔在1908年对卡内基的采访，卡内基详细介绍了通过有条理的思想可以实现的积极方面，以及邪恶分子不管如何利用它都注定要失败。

第三章论述了控制注意力的成功原则。控制注意力是指专心致志，更加集中注意力。这是将自己的计划植入潜意识的方法。这是控制头脑的所有活动并将其引导至特定目的的过程。这对于实现"创新致胜思维"和"有条理的思想"至关重要。

希尔解释了如何使用其他成功原则来提升控制注意力和自信的能力，例如"多走1公里""智囊团"以及"践行信念"。他提供了一些人的案例，他们将成功原则与控制注意力结合起来，找出以前未知问题的解决方案。希尔还列举了许多著名的成功人士的感悟，说明控制注意力对于他们的生活有多么重要。这些例子的共同主题是：人们应该把注意力集中在一个主要的目标上，而不是多个目标上。

本书最后对卡内基进行了一次关于使用控制注意力的效果的采访。控制注意力会使人们对生活更加专注，这比一般方法对商业或职业产生的回报更大，这对提高和促进就业至关重要。而且，当它为人们所用时，它会带来更大的成功。

希尔最著名的书是《思考致富》。本书前面的章节有助于诠释此书名背后的意义。正如希尔反复强调的那样，行动对于成功至关重要。但是你必须三思而后行，否则你的行动将毫无意义。

这些讲述行动前思考的重要性的章节将帮助你实现你自己明确的主要目标，并且其教育性已经得到证实。要做到这一点，你必须学会掌控自己的思想，这本书将告诉你如何做到这一点。

唐·格林

拿破仑·希尔基金会执行董事

拿破仑·希尔的智力爆炸系列

思维致胜

我们认为的"智力爆炸"的力量，它可以被有组织地和建设性地用于实现明确的目标。如果不是通过控制习惯来组织和使用它，它可能真的会成为一种字面意义的"精神爆炸物"，彻底摧毁一个人取得成功的希望，并导致不可避免的失败。

——安德鲁·卡内基

目录

第一章

创新致胜思维

一位哲学家说过："想象力是人类的工作坊，塑造了他今后获得成功的模式。"另一位思想家将想象力描述为"思想的工作坊，在那里人类的希望和渴望已经准备好做出物质层面的表达。"

本章介绍了一些领导者通过应用创新致胜思维，优化了生活方式。

本章从1908年安德鲁·卡内基的私人研究开始，我，拿破仑·希尔则作为学生和记者对他进行访问。

希尔：

卡内基先生，您已经说过，创新致胜思维是个人成功的本源之一。您能分析一下这一原则并描述如何实际应用吗？

卡内基：

首先，让我们对正在使用的创新致胜思维一词有一个清晰的了解，它不仅仅是想象力的另一个名字，它是一种发现机会，采取行动并从中受益的能力。创新致胜思维的一个重要元素是想象力的运用。其中包含两种类型的想象力。一种是综合型想象力，另一种是创造型想象力。

综合型想象力是将公认的想法、概念、计划、事实和原则以新的方式组合起来。"太阳底下没有新鲜事"这一古老的公理源于这样一个事实：大多数看似是新事物的东西只不过是对旧事物的重新排列组合。实际上，专利局记录的所有专利只不过是按新顺序排列或赋予新用途的旧想法。不属于这一类别的专利则被称为基本专利，它们是创新致胜思维的成果。也就是说，它们是基于以前不曾使用或承认的新创造的想法。

创造型想象力确有其来源，因为就科学所能确定的，在潜意识里，的确存在着某种科学所不知道的力量，它具有感知和解释新思想的能力。有人相信，创造型想象力确实是"思想的工作坊"。基于一些不可否认的事实，我们可以肯定的是，的确存在着一种思维能力，某些人通过这种能力来感知和解释人类从未认识到的新观念。稍后，我将列举应用这种能力的众所周知的案例。并且，我将尽力描述如何发展这种能力并使之为实际目标服务。

希尔：

关于这两种类型的想象力，哪一种在工业领域和我们的日常生活中更常用呢？

卡内基：

综合型想象力是更常用的。创造型想象力，顾名思义，只有那些有能力运用这种非凡技巧的人才能使用。

希尔：

您能不能列举一些应用这两种想象力的案例，尽可能多地给出细节，以便大家理解这些原则的实际应用方法？

卡内基：

好的，让我们以托马斯·爱迪生的作品为例。通过研究他的成就，我们将看到他如何利用两种类型的想象力，尽管他使用综合型想象力更为频繁。他的第一项举世瞩目的发明是将两个古老而著名的原理以一种新的组合方式结合在一起创造出来的。我指的是白炽灯，爱迪生先生是在尝试了一万多种不同的旧思维组合之后，才达到了完美的效果。

希尔：

　　卡内基先生，您的意思是爱迪生先生在面对一万次失败时仍有毅力继续努力吗？

卡内基：

　　是的，是这个意思！我也想在此提醒你注意一个事实：具有敏锐想象力的人很少在找到解决问题的办法之前放弃尝试。

　　爱迪生先生以一种新的方式结合了两个著名的原理，从而完善了白炽灯。第一个原理是已经确定的事实，即通过将电能应用于导线的两端，就可以建立一个电阻，通过这个电阻导线会被加热到发出白光。早在爱迪生先生进行实验之前，这一原理就已经被人熟知，但问题是没有办法控制热量。也许这样描述更容易理解，没有发现任何形式的金属或其他物质足够耐热，使光可以持续几秒钟以上，电力的强烈热量很快就烧毁了金属。

　　爱迪生先生在尝试了他所能找到的所有已知物质之后，没有发现任何能达到预期目的的物质，却偶然发现了另一个众所周知的原理，这个原理后来被证明就是问题的答案。我说他"偶然发现"了这一点，但是也许这并不是该原理引起他注意的确切方式。这一点之后会再说明。无论如何，他想到了生产木炭的著名原理，并从中找到了使他失败了一万多次的那个问题的答案。

　　简而言之，木炭的生产方法是将一堆木材放在地上，放火燃烧，然后用泥土覆盖整个木炭。泥土只允许足量的空气进入火中，使其持续燃烧和焖烧，但不足以完全燃烧。焖烧的过程一直持续到木材被彻底烧焦，原木完好无损地以一种叫作木炭的物质形式存在。

在学习物理的过程中，你应该了解，没有氧气的地方就不会有火。通过控制氧气的流入，可以按比例控制火的热量。

爱迪生先生在开始实验之前就已经知道这一原理，但是直到他经过数千次测试之后，他才认为这是他所寻求的原理。

当确认这是他所寻求的原理后，他便进入实验室，将一根螺旋线放入瓶中，抽出所有空气，用蜡密封瓶，将电能施加到电线的两端。瞧！世界上第一个白炽灯成功诞生了。这盏粗制的灯燃烧了8个多小时。

当然，显而易见，将电线置于不含氧气的真空中，可以使其充分加热、发光，而不会像放在露天时一样完全燃烧。如今，尽管制造白炽灯的方法已经得到了极大的改进，现代电灯控制热量的效率比爱迪生先生刚发明时高得多，但是仍然采用了同样的原理。

现在，让我们回到刚才的问题。爱迪生先生是如何想到用一种新的方式把这两种旧原理结合起来的。我说他"偶然发现"了使用木炭原理作为控制电能热量的方法。但是，这并不是他想到这个办法的方式。

那么，从这里开始，进入创造型想象力原则的画面。爱迪生先生在很长一段时间内反复思考这个问题，通过数千次实验，他或有意识地或不自觉地使自己的潜意识对自己的问题有一个清晰的认识，并以某种无人理解的奇特力量，他的潜意识以"预感"的形式将解决问题的方法传递给了他，使他想到了木炭原理。

在多年后描述这段经历时，爱迪生先生说，当"预感"出现在他头脑中时，他立刻意识到这是他一直在寻找的缺失环节。而且，即使在他测试之前，他就确信它会起作用。之后他还发表了更重要的声明，即当使用木炭原理的想法闪现在他的脑海中时，"它带来了一种确信其适用性的感觉，他测试的其他数千个类似想法中的任何一个都没有伴随着这种感觉"。

从这一陈述中，我们可以得出这样的结论：潜意识思维不仅具有创造解决问题的能力，而且当它呈现在有意识的头脑中时，它还具有一种迫使人们识别解决方案的能力。

无论在哪里发现一家繁荣发展的企业，你都会遇到一些具有创新致胜思维的人。

希尔：

卡内基先生，根据您所说的，我得到的结论是，坚持是爱迪生先生发现解决问题方法的本质。

卡内基：

是的，还有一些其他因素。首先，他开始研究时目标非常明确，从而运用了个人成功最重要的原则。他知道问题的本质，但同样重要的是，他有找到解决办法的决心。因此，他对目标的确定性以对实现目标的痴迷作为后盾。痴迷是一种精神状态，它可以清除内心的恐惧、怀疑和自我强加的局限，从而为进入被称为充满信念的状态开辟道路。爱迪生先生拒绝接受挫败，经历了上万次失败，使他做好了践行信念的准备。

希尔：

爱迪生先生的所有发明都是通过运用综合型想象力和创造型想象力而创造的吗，比如白炽灯？

卡内基：

噢，不！绝对不是。他的大多数发明完全是通过综合型想象力，通过反复试验创造出来的。但他确实仅通过创造型想象力的帮助完成过一项发明，据我所知，这是他仅凭此原理完成的唯一发明。那就是留声机，这是一个全新的想法。众所周知，在爱迪生先生之前，没有人生产出能够记录和再现声音震动的机器。

希尔：

爱迪生先生在运用创造型想象力时用了什么技巧来发明留声机呢？

卡内基：

这个技巧非常简单。他给他的潜意识留下了一个关于机器的深刻印象，然后潜意识就推动他拥有了有意识地建造这样一台机器的完美计划。

希尔：

您是说爱迪生先生完全依靠创造型想象力发明了留声机吗？

卡内基：

是的，完全是！爱迪生先生这项特殊发明的一个奇怪特征是，他的潜意识提供给他的计划几乎全部奏效了。如何生产这样一台机器的想法"闪现"到爱迪生先生的脑海中。然后，他坐在那里，画了一幅机器的粗糙图纸，交给了模型制造者，要求他生产机器，几小时之内模型就制作完成了，测试了并确认有效。当然，这台机器是粗糙的，但足以证明爱迪生先生的创新致胜思维没有使他失望。

希尔：

您说爱迪生先生关于留声机的想法"给他的潜意识留下了深刻印象"。那么，他是如何做到这一点的？以及他的潜意识将机器的工作原理提供给他又需要多长时间呢？

卡内基：

我不确定爱迪生先生是否确切地说过，在他的潜意识将他的想法转化为完善的计划之前，他已经思考了多久，但我的印象是，最多不超过几个星期。也许不会超过几天。他的方法是通过一个简单的程序把他的渴望转变成一种痴迷，从而让他的潜意识记住他的渴望。也就是说，想到有一台能记录和再现声音的机器，就成了他脑子里的主导思想。他把注意力集中在这件事上，通过集中自己的兴趣，使它一天天占据着他的思想，直到这种自我暗示进入他的潜意识，把他的渴望清晰地呈现出来。

希尔：

卡内基先生，这是将有意识的思维与潜意识联系在一起的方式吗？

卡内基：

是的，这是已知的最简单的方法。因此，你看，为什么我要强调强化渴望的重要性，直到它变成痴迷为止。一种强烈的渴望会被潜意识捕捉到，并比一般渴望更明确、更迅速地付诸行动。一个简单的愿望似乎不会在潜意识中产生任何影响。许多人对愿望和强烈的渴望之间的区别感到困惑，强烈的渴望是由于与渴望相关的目标被反复思考而被激发到令人痴迷的程度。

希尔：

卡内基先生，如果我的理解没错的话，重复的内容很重要，为什么是这样的呢？

卡内基：

因为反复思考会在头脑中形成思考习惯，使头脑不经过下意识的努力就能正确地思考一个想法。显然，潜意识首先关注那些已成为习惯的想法，尤其是当这些想法被强烈的、期待实现它们的渴望所感染的时候。

希尔：

所以，任何人都可以利用创造型想象力，通过这个简单的过程向他的潜意识传达明确的渴望吗？

卡内基：

是的，没有什么可以阻止任何人使用这一原则，但你必须记住，只有那些专注兴趣和渴望，根据其思维习惯进行训练的人，才能获得实际的结果。时断时续的转瞬即逝的想法，和与一般人的思维大致相当的单纯的愿望，在潜意识里是不会产生任何印象的。

希尔：

您能再举几个例子来说明这两种想象力的实际应用吗？

卡内基：

好吧，以亨利·福特的经验为例，他完美地打造了一辆靠本身动力运行的汽车。这种交通工具的想法最初是由一辆用来拖打谷机的蒸汽驱动的拖拉机引出的。自从他第一次看到拖拉机，他的脑子里就开始产生一种不用马的马车的想法。

最初，他仅将综合型想象力的原则用于将蒸汽拖拉机变成一辆快速行驶的载客车辆的方法和思维上。这个想法使他着迷，并产生了强烈的渴望传达给潜意识，在此意识中付诸行动。潜意识的作用使他想到用内燃机来代替蒸汽机，于是他立即着手研制这种发动机。当然，他有别人关于内燃机的实验作为指导，但他的问题是找到一种方法，将发动机的动力传递到车辆的轮子上。他一直专注于他的主要目标，直到他的潜意识逐步地向他传递了一些想法，使他完善了行星传动系统，从而使他得以完善自己的第一个汽车模型。

希尔：

您能描述一下福特先生在完善汽车模型时所考虑的主要因素吗？

卡内基：

没问题，这很容易。当我描述它们的时候，你会对所有成功人士的工作原则有一个清晰的了解，也会对福特先生的思维有一个清晰的印象，即：

（1）福特先生的动机是有明确的目标的，这是取得个人成功的第一步。

（2）通过将思维集中在目标上，他激发了对目标的痴迷。

（3）他通过有组织的个人努力的原则，把自己的目标转化为明确的计划，并坚持不懈地付诸行动。

（4）他利用了智囊团的原则，首先得益于他妻子的协助，其次是从其他试验过内燃机和动力传输方法的人那里寻求建议。当然，再后来，当他开始生产汽车进行销售时，他更广泛地运用了智囊团原则，与道奇兄弟和其他机械师、工程师联合起来，熟练地解决了他必须解决的机械问题。

（5）在所有这些努力的背后，是践行信念的力量，这是他为了明确的目标和对成功的强烈渴望而获得的。

希尔：

简单地说，福特先生的成功是由于他确定了一个明确的主要目标，并对实现这个目标有着强烈的痴迷，从而激发了综合型想象力和创造型想象力。是这个意思吗？

卡内基：

是的，很精练！故事中值得强调的部分是，福特先生坚持不懈的行动！起初，他一次又一次失败，他的主要困难之一是在完善汽车模型之前缺少研究资金。在获得必要的运营资本之后，在批量生产汽车方面，仍然存在更大的困难。然后是一系列的困难，例如与他的智囊团成员的分歧以及其他类似的问题，所有这些都需要坚持和毅力。福特先生具有这些品质，我想我们可以说，他之所以成功，是因为他确切地知道自己想要什么，并且能够不懈地坚持自己的追求。

如果要说福特先生的性格中最突出的一个品质，那就是他坚持不懈。我想再次提醒大家，明确的目标，再加上带有一定程度的痴迷的坚持，是激发综合型想象力和创造型想象力最重要的因素。人的头脑被赋予了一种力量，这种力量迫使潜意识接受并根据明确计划好的强烈渴望采取行动。

希尔：

您还能再举出其他关于想象力的实际应用的案例吗？

卡内基：

例如，亚历山大·格雷厄姆·贝尔对现代电话的研究。这是一个利用创造型想象力的例子，因为贝尔博士的发明是全新的。可以说，在为他听力受损的妻子寻找可以制造助听器的机械装置时，他像爱迪生先生一样，偶然发现了现代电话工作的原理。

在这里，我们可以看到当一个人痴迷于明确目标时的力量。他对妻子的深切同情是使他痴迷于这个目标的原因。在这种情况下，就像其他所有对自己的渴望沉迷的人一样，他的渴望背后有明确的动机。动机是一切渴望的开始。

经过长时间的研究，其中太多细节无法在此进行描述，贝尔博士的潜意识终于为他提出了一个符合他目标的想法。科学界将其称为贝尔实验，其原理如下：

电磁铁上的振动簧片使螺旋线圈中产生了电流，这样接收器就能接收到感应电流。有人声称，这一原理的一部分是由一个名叫伊莱沙·格雷的人的实验提出的。有一场关于该原理的优先权的诉讼，但是伊莱沙·格雷输了官司，贝尔博士被宣布是现代电话工作原理的发现者。

无论如何，贝尔博士对他妻子的助听器的渴望，加上对这种设备的不懈探索，使他发现了他所需要的原理。你必须记住，潜意识会利用一切可行的实际手段，向那些有执着渴望的寻求知识的人揭示知识。它不会创造奇迹，但它聪明地利用了所有可用的实用媒介来实现它的目的。

希尔：

卡内基先生，现在让我们跳脱发明这个领域，看看想象力的原则如何应用于不那么复杂的领域。

卡内基：

好的，以美国建立的第一家大型邮购公司为例。这里我们有一个综合型想象力应用于商品开发的好例子。我以前共事过的一个报务员发现他有很多空闲的时间，而他不能利用这些时间来做铁路报务员的工作。作为一个好奇心强的人，他开始寻找他能做的事情，既让自己有事可做，又能增加收入。在这里，动机的问题再次出现——关于经济利益的动机。

他反复考虑了几个月，想到了一个有利可图的出路，利用闲置的电报线把手表卖给他所在部门的同行，于是他以批发价订购了六块手表并开始出售。这个想法从一开始就火了起来。在很短的时间内，他把六块手表都销售出去了，在成功的激励下，他逐渐发散想象力，慢慢开始从事其他珠宝首饰的销售。一切都很顺利，直到他在做一个土地办公室的业务时，被他的主管发现了，当场解雇了他。

每一次逆境都会埋下成功的种子。从这位报务员的逆境中诞生了美国第一家邮购公司。他首先使用油印的商品目录，将销售方式从电报转换为邮件。此外，电报商领域之外的其他人群成了潜在的购买者，主要是住在郊区和农村地区的人。不久之后，他的业务发展壮大，他可以负担得起带有商品插图的印刷目录的商品推介展示方式。从那时起，这个故事在成千上万人中广为流传，至此人们都从他建立的邮购公司购买商品。

之后，一个合伙人加入了他的业务，从而利用了智囊团原则。这个合作伙伴被证明是一个真正的"宝藏"，因为他对广告很敏感。几年后，这家公司被另一家公司收购，其所有者因此成了千万富翁。这就是大规模邮购销售的开端。

这个人的成功并没有什么神秘之处。他只是把他的心思放在一个明确的目标上，并一直坚持这个目标直到他获得财富。他没有创造任何新的东西。他只是把旧的想法用在新的用途上。许多巨大的财富就是这样积累起来的。

希尔：

卡内基先生，如果我没理解错的话，报务员运用的只是综合型想象力的原则。

卡内基：

是的，就是这样。你看，除了用一种新的方式销售商品，他什么也没做，但不要忘记这是大多数成功人士所做的。很少有人能像贝尔博士和爱迪生先生那样，通过创造型想象力创新新的想法。

现在让我们以现代铁路冷藏车为例。第一个将这一原理付诸实践的人彻底改变了肉类加工业。这个人是一个包装商，他的生意有限，因为他只能把新鲜的肉运送到很短的距离。出于扩大业务范围的愿望，他开始寻找合适的方法。

如果一个人痴迷于一个目标，他通常会找到他想要的东西。这个包装工的动机是为了获得更大的经济利益，所以他一直在考虑这个问题，直到他想到把一个普通的铁路货车车厢改装成一个超大的冰箱。紧接着，除了去试验这个想法外，他什么也没做。尽管第一辆冷藏车非常简陋，但这个计划还是令人满意的。他不断地改进他的想法，直到他把它改进成我们今天所知道的现代冷藏车。他的想法不仅帮助他几乎无限制地扩展了肉类业务，而且为其他商品尤其是水果和蔬菜的销售和分销提供了新的动力，直到今天，这个想法已经为个人、公司和整个美国增加了数亿美元的财富。

可以说，仅运用综合型想象力，就可以通过将冰箱放置在车轮上的简单过程使冷藏车成为现实。

乔治·铂尔曼也做过类似的壮举，他在火车车厢里放了床，把它们变成了睡觉的地方。床和火车车厢都不是什么新鲜的事物，但是把这两种服务结合起来的想法是新的。这种新的组合使创造它的人获得了巨大的财富，更不用说这个想法还为社会提供了成千上万的工作机会以及为旅游人群提供了更为理想、舒适的服务，为此，卧铺车每年仍需巨额资金投入。诸如此类的想法是想象力的产物。训练自己的思维来创造想法，或者为旧的想法提供新的更好的使用方法的人，正在走向经济独立。

这些想法的背后是创造这些想法的人的个人主观能动性，加上有组织的个人努力的原则，通过这种原则，这些想法得以实现。卧铺车和冷藏车都要进行推广和销售，这就需要大量的资金投入。这两种想法，以及所有其他类似的可行的想法，都需要将个人成功的原则结合起来运用。但归根结底，这些想法通常可以追溯到它们最初的来源——一个人的想象力。

希尔：

您能说说那些运用想象力原则的人最常用的成功原则吗？

卡内基：

这在某种程度上取决于想象力应用的性质，以及创造它的人，但一般来说，下面这些原则通常与想象力联系在一起：

（1）目标的明确性。通常激发想象力的动机是对经济利益的渴望。毫无疑问，利润动机一直是推动工业发展的人们的灵感之一。

（2）智囊团原则，通过这一原则，人们进入一个群体，以解决业务或专业问题为目标，这也极大地激发了想象力。正是这一原则，比其他任何原则都更能使我作为创始人的钢铁工业得以繁荣。所谓的"圆桌会议"是一个伟大的机构。当人们坐下来并开始本着和谐和目标一致的精神集中思维时，他们很快就会找到解决他们所面临的大多数问题的方法，不管他们从事什么行业，或者他们的问题的性质是什么。

（3）"多走1公里"是很重要的，因为它刺激了人们的想象力。当一个人养成了超额工作的习惯时，他通常就会开始发挥想象力，寻找新的来源来提供这种服务。这一事实本身就足以补偿多付出的努力，即使没有更大的好处。

（4）坚定的信念是激发想象力的源泉。此外，它在激发和应用创造型想象力方面是必不可少的。缺乏信念或没有信念的人永远不能体会到创造型想象力的好处。

（5）有组织的个人努力的有效性直接取决于想象力的应用，因为所有形式的明确计划都是通过想象力进行的。

还有许多其他激发想象力的来源，但是这5个在"必须执行"列表中。

恐惧有时会激发想象力，但有时又会麻痹想象力。当一个人处于极大的危险中时，他的想象力常常会做出一些看似超人的壮举，特别是当动机是自我保护的时候。

失败或暂时的失败有时也会激发人们的想象力，尽管更多时候它们会产生相反的效果。

熟练的销售人员经常使用的提问法具有激发想象力并付诸实践的效果，其原因是显而易见的。通过提问，销售员能够引导他的潜在买家去思考。此外，在机敏地提出问题的同时，他也选择了思考的方向。

好奇心常常能极大地激发想象力。通过说和写的自我表达，就像许多其他形式的表现一样，是激发想象力的无穷源泉。一个人一旦开始为表达而整合他的思维，无论是通过言语还是行动，就已经开始发挥他的想象力了。因此，应该鼓励孩子们自由表达自己的想法，因为这样孩子们可以在很小的时候发展自己的想象力。

饥饿是想象力的普遍源泉。当一个人需要食物时，他的想象力就会自动发挥作用，而不需要任何形式的敦促。在生活的底层，本能在饥饿面前发挥作用，我知道本能在这种冲动下的巧妙应用。

因此，我们看到，无论我们在哪里接触到生命，无论是在人身上，还是在有组织的生命中，都可以发现想象力和本能，这些是个体行为表现的重要组成部分。

将注意力集中在确定的问题或对象上往往会促使想象力立即发挥作用。举例来说，看看埃尔默·盖茨博士的惊人成就吧，他坐在那里听取意见，就创造了数百项有用的发明。爱迪生和贝尔博士使用了相同的原则。通过将思考方向固定在明确的目标上，通过目标的确定性，使创造型想象力发挥了深远的作用。

科学家，有时甚至是外行，常常通过建立假设，假设它们是暂时存在的事实或想法，来发挥想象力。如果不利用假设的案例，科学研究和实验几乎是不切实际的，因为他们所寻找的事实常常是完全未知的。律师和审判法官经常诉诸假设，以建立无法通过任何其他来源发现的事实。化学家和物理学家在寻找未知事实时也会采用相同的方法。当医生无法确认疾病的治疗方法时，医生也是如此。此外，侦探也通常会通过假设来解决犯罪问题。

在美国南北战争结束后，一位铸造厂老板购买了大量未使用的炮弹，他想把这些炮弹熔化以备其他用途。在炮弹能方便地熔化之前，它们必须被打碎成小块。除了雇人用重锤击碎炮弹外，似乎没有其他办法完成这项工作，直到一个有想象力的人走过来，仔细查看炮弹，发现里面是空心的，答应以很低的价格把整批炮弹敲碎。而且，他还保证自己会在第二天早上之前就把整批炮弹都弄碎，这让铸造工人大吃一惊。

这个人得到了合同，然后他转动所有的炮弹，使每个小开口出现在顶部。令大家惊讶的是，他平静地把炮弹灌满了水。晚上很冷，第二天早上，铸造厂的工人发现每一个炮弹都被冻得粉碎了，他们唯一的评论是："我为什么一开始就没想到呢？"

有时，当我们看到别人利用自己的想象力大有作为时，我们都会感到奇怪，为什么自己没有运用自己的想象力呢？

希尔：

为什么只有那么少的人表现出良好的想象力呢？敏锐的想象力是遗传的吗，卡内基先生？

卡内基：

不，想象力和其他思维能力一样，可以通过使用进行培养。许多人似乎没有敏锐的想象力的原因是显而易见的——大多数人会因为忽视想象力而使其萎缩。

希尔：

既然每个人都必须以某种方式运用销售技巧，你能举例说明想象力是如何应用在销售中的吗？

卡内基: ————————————————————————————

当然，我可以给你举无数个这样的例子。以我认识的一位人寿保险代理人为例。一次事故使他无法从事任何繁重的体力劳动，他开始销售保险，不到一年，他就成为其所在公司销售额最高的人。

我给你举一个例子来说明他的成功。但是，在我这么做之前，我想我应该告诉你，这个人成了运用智囊团原则的大师。他也同样精通于运用许多其他的成功原则，其中包括有条理的思想。

有一天，他走进一位杰出、富有的律师的办公室，半小时内就拿着一份价值百万美元的人寿保险单走了出来。众所周知，这位律师拒绝向他所居住城市的6个或者更多有能力的保险人购买保险。

这位成功的人寿保险代理人是这样做的：他随身携带了一份关于这位律师的有插图和专题报道的报纸，上面用铅字写着一个重磅闪亮的标题：一位著名律师豪掷一百万美元为自己的大脑买保险！

这个故事讲述了这位律师是如何通过一些非凡的技巧，从基层出人头地，搞定了纽约市最挑剔的客户。这个故事写得很好。上面还有这位律师和他家人的照片，包括一张他在长岛房产的照片。

他把报纸交给律师说:"我已经安排好了，只要你证明自己能通过必要的体检（买下这份保险），这个故事就会在一百多家报纸上发表。我用不着向你这样聪明的人提醒，这个故事能给你带来足够多的新客户，使你的收入超过支付保险单的保险费。"

律师坐下来仔细地读报纸。当他读完后，他问人寿保险代理人是怎么弄到这么多关于他的信息的，又是怎么弄到他家人的照片的。

"哦，"人寿保险代理人回答说，"那很容易。我只是和一家报社合作了而已。"

律师又把报纸读了一遍，修改了一下，然后交还给律师说："给我一张申请表。"交易在几分钟内就完成了，但在人寿保险代理人打电话之前，他已经进行了3个多月的准备工作。他不放过任何一个细节，他的任务就是在稿子还没写出来之前就打听到这位律师的全部情况，而且把稿子准备得十分充分，以便在律师最薄弱的环节，也就是他想出名的时候，刺中他的要害。

他真正卖给律师的不是他的人寿保险，而是律师虚荣心的保险！那个重磅闪亮的标题扭转了局面。此外，人寿保险代理人员不仅从销售中获得了丰厚的溢价，还从报业集团那里获得了五百美元的独家报酬。

我想我判断得没错，这就是想象力的力量。

有想象力的推销员常常会销售一些与他们表面上销售的完全不同的东西。美国芝加哥大学前校长哈珀博士的经历很好地为我的话做了佐证。

哈珀博士是教育界伟大的捐赠人之一。起初他萌生了在校园里建一座新大楼的想法，这需要一百万美元的捐款。如果你希望看到一个大师运用想象力，那就观察他获得一百万美元的技巧。再看看，除了想象力，他还运用了多少个人成功的原则。

首先，他挑选潜在的捐赠人时很精明，把人数限定在两位美国芝加哥的知名人士，这两人都能捐出一百万美元。

众所周知这两个人是仇敌，这完全不是偶然的。一个是职业政客，另一个是芝加哥街道交通系统负责人。多年来，这两个人一直在互相斗争，这对任何一个没有哈珀博士想象力的人来说都毫无意义。

一天，正好是中午12点，哈珀博士溜达到街道交通系统负责人的办公室，发现门外没人值班（这正是他所预料的情况），便未经通报就走进了他的私人办公室。

那位负责人从他的办公桌前抬起头来，还没来得及提出异议，这位"超级推销员"就说："请原谅我未经许可就进来了，但我发现外面没有人。我是哈珀博士，耽误您几分钟的时间。"

"请坐。"负责人说。

"不用了，谢谢，"哈珀博士回答说，"我只有一分钟的时间，所以我会告诉您我的想法，然后就离开。一段时间以来，我一直在想，美国芝加哥大学应该做点儿什么来表彰您，因为您为这个城市提供了很好的街道交通系统，我想在校园里为您命名一座建筑物，以此来表彰您。当我向董事会提到这件事时，其中一位成员也有同样的想法。但他想让我们尊重×××（说出街道交通系统负责人的竞争对手的名字），所以我就来告诉您发生了什么事，希望您能找到办法帮助我挫败这个董事会成员的计划。"

"好！"街道交通系统负责人叫道，"这是一个有趣的想法。请坐，让我们看看有什么办法，好吗？"

"非常抱歉，"教育家道了歉，"几分钟后我还有另一个约会，我必须赶去。但我告诉您我的建议。请您晚上再考虑一下这件事，如果有什么想法可以帮我在那栋建筑物上刻上合适的人的名字，您可以在明天早上给我打电话。

再见，先生!"

没有留下进一步谈话的余地，这位"想象力运用大师"就鞠了躬走了出去。

第二天早上，当他到达大学办公室时，他发现街道交通系统负责人正在等他。两个人走进办公室，在那里待了大约一个小时，然后又走了出来，两人都面带微笑。哈珀博士手里拿着一张支票，在空中来回挥动，以便风干墨迹。支票是一百万美元。

正如聪明的哈珀博士所想的那样，街道交通系统负责人已经找到了一种击败仇敌的方法。此外，两人还达成了协议，同意哈珀博士亲自负责接受这笔钱。

现在，如果你想要的是基于想象力的推销技巧，那么你已经拥有了。那些最了解街道交通系统负责人的人说，没有想到哈珀博士的计划能够成功。这些人通过使用想象力来培养想象力，这是另一回事。他们通常知道可以采取的精确计划。这是他们训练的重要组成部分。

希尔：

哈珀博士的成功纯粹是由于他对想象力的理解和运用，还是有其他因素促成的呢？

卡内基：

在他的例子中，我认为他运用了创新致胜思维，而不仅仅是想象力。

希尔：

想象力和创新致胜思维之间的区别是什么？这两个词

似乎是同义的。

卡内基:

不,它们不一样。创新致胜思维是一种后天获得的能力,人们可以做两件非常重要的事情来获得这种能力:第一,敏锐地发现有利于实现目标和目的的机会;其次,培养抓住这些机会并通过有组织的个人努力来采取行动的习惯。

面对一万次的失败,爱迪生仍然坚持不懈。

——安德鲁·卡内基

一个人可能对某一专业领域的工作或某一技术有非常敏锐的想象力,例如,发明者。但他可能完全缺乏将他的发明能力商业化所必需的创新致胜思维和行动力。我们发现许多发明家都是这样的。

一个人可能具有敏锐的想象力,实际上大多数艺术家都具有想象力,但他缺乏使他的艺术能力取得业务成功所必须采用的创新致胜思维。你明白这一点吗?

希尔:

是的,我明白这一点。还有哪些因素与创新致胜思维相关呢?

卡内基: ────────────────────────────

好吧，我能给你的最好答案是描述一个运用创新致胜思维的人的发展脉络。从我的描述中，你会发现，创新致胜思维与个人成功的许多其他原则是重叠的。

第一，拥有创新致胜思维的人（例如哈珀博士）可以培养头脑的机敏性，以识别出有利于自己发展的机会。

第二，他在把握机会时目标明确。

第三，他通过有组织的努力计划着自己的一举一动。

第四，他意识到并善于运用智囊团原则，通过这一原则，他聚集了他人的能力和知识为自己所用。

第五，他通过认识和运用信念来打破思维的局限性，从而获得无限智慧的指引。没有信念的帮助，任何人都不可能实现创新致胜思维，这是因为信念是创新致胜思维的本质。

第六，他养成并遵循了多走1公里的习惯，从而为自己争取到了有利的机会。

第七，他的思维一定要与周围的环境和条件相适应，不仅要观察时代的大势，而且要密切关注一般人的问题、需求和愿望。

第八，他无须敦促，便能主动行动。

第九，他对自己的行为负责并依靠自己的判断力，在制订计划时，首先通过智囊团原则明智地听取了他人的建议。

第十，他发展和利用了综合型想象力和创造型想象力。但是，请注意，这两个因素仅构成创新致胜思维的人所用原则的十分之一。

我认为这应该使你对想象力和创新致胜思维的区别有

一个客观的了解。

希尔：

　　是的，区别很明显。这很伟大！我想这就回答了我的问题：为什么只有少数人会运用想象力？

卡内基：

　　我猜你真正想说的是很少有人会使用创新致胜思维，在某种程度上，所有正常人都有想象力，但很少有人懂得应用创新致胜思维。正如我已经清楚地表明的，想象力只是创新致胜思维的因素之一。

　　正如我们今天所知道的，工业化的进程推动是应用创新致胜思维的人的杰作。当有这种远见的人把钱投入工作时，他们以最有用的形式创造了财富：以提供就业的形式；以提高生活水平的方式；以教育方式，包括各行各业的经验和技能等。

　　应用创新致胜思维的人是建设者，而非破坏者。他们是积极的，不是消极的。他们建立了铁路系统；他们建造了摩天大楼，并扩展了大都市的边界；他们提供了电话、飞机、汽车以及各种可以利用和使用的电力的设备。

　　当你去看这个被称为创新致胜思维的东西的表面之下，你会发现它是文明的先驱。早在很久以前，我们就可以找到证据表明文明是通过相对较少的人的领导而发展起来的。这些都是应用创新致胜思维原则的人，他们敏锐的头脑使他们始终领先于群众。例如塞缪尔·亚当斯、理查德·亨利·李、托马斯·杰斐逊、约翰·汉考克、乔治·华盛顿、托马斯·潘恩以及他们那个时代的其他伟大的爱国者，他们冒着牺牲生命和损失财富的危险，创造了美国。

用他们的行为来分析这些人，可以确认他们是如何使用我提到的创新致胜思维的十个要素。

希尔：

卡内基先生，是什么促使人们发展创新致胜思维？或者，这是一种只有少数人才具备的天生特质吗？

卡内基：

我可以通过向你介绍所有行动背后的基本动机来更好地回答你的问题。动机是人类一切努力的主要动力。随便找一个采用创新致胜思维的人，仔细分析一下，你就会发现他是被某种动机所驱使的。

人们造就工业化的动机是对经济利益的渴望，即众所周知的利润动机。在许多情况下，这些人被自我表达的渴望所感动，这是另一个基本动机。总有一个明确的动机激励着人们采取行动。

"利益动机"和个人主观能动性是密不可分的。在人们的生活方式中，利益动机是激发个人积极性的最大动机。

我想强调这一点，因为我可以看到一种习惯和实践的趋势，这种趋势会阻碍人们行使自己的个人主观能动性。有些人存在一种错误的观念，即通过限制一个人的工作量，就可以创造新的工作岗位。不必详细分析这一哲学，我可以告诉你，一个人如果允许其他人限制他所提供的服务的数量，那么他因此可能获得的利益的数量也有一个明确的限制，而这种限制通常是接近基本生活必需的范围内，不会再多了。

具有创新致胜思维的人从不限制他们提供的服务的数量。相反，他们通过"多走1公里"，尽可能向更多的渠道提供服务。这是一个人能充分利用他的个人主观能动性的特权，除此之外别无他法。

要从生活中获得更多，就必须付出更多！

这是任何人都逃不掉的真理。大自然把它固定在一切自然法则中。因此，它不是一个人为的规则。

希尔：

据了解您非常鼓励并支持您的智囊团成员致富。您推行的政策就是您鼓励发挥个人主观能动性。是这样吗？

卡内基：

是的！只有一种令人满意的方法可以使人们发挥最大的作用，那就是在他们面前树立一种动机，这种动机足够诱人，促使他们主动采取行动。动机的性质和范围必须通过其所激发的人的潜在能力和个人特征来衡量。这通常取决于个人的野心和个人限制。有些人只渴望获得经济安全。还有一些人仅出于对生活必需品的渴望而自我限制。其他人则想获得巨大的财富，他们的动机只是变得富有。

然而，我必须告诉你，在与我的行业有联系的成千上万名员工中，只有不到50人的动机是为了发财。我帮助他们中的40多个人或者更多人实现了他们的愿望——成为百万富翁。另外8到10个人也想发财，但他们没能实现他们的愿望，因为他们忽视了运用个人成功的原则，而运用这些原则的人本有资格获得财富。

令人感到有趣的是，很多人在经过了一段漫长的努力过程后就半途而废了，因为他们忽略了"多走1公里"的原则。成功对他们产生了相反的影响，这导致他们开始认为，他们应该为自己知道的事情而不是他们所做的事情付钱，或者诱使其他人去做。这是一个致命的错误，对于许多人来说，他们有一个走向成功的良好的开始，但当他们迷失方向后，他们放慢了速度。

希尔：

卡内基先生，难道没有雇主限制其员工赚取的金额吗？

卡内基：

是的，有很多这样的人，但如果可以的话，请列举一二，他在自己的领域曾经取得过的出色的成就。一个人必须放弃一些东西才能获得成功。帮助他人最多的人本身就是最大的成功。自文明诞生以来一直如此，并将永远如此。

希尔：

您认为起草美国宪法的人是拥有创新致胜思维的人吗？

卡内基：

当然，他们是杰出的人。没有创新致胜思维，他们就不可能有远见和智慧来制定一部赋予人平等权利的宪法。

希尔：

　　卡内基先生，您是钢铁行业公认的领袖，您在这个行业的成就远远超过了其他所有人，没有可以比较的余地。您把钢铁的价格从每吨130美元降到了每吨20美元左右。您使钢铁工业成为美国工业的支柱。现在，您能不能告诉我，您是如何在这个行业里遥遥领先于其他人的？

卡内基：

　　答案就在我提到的创新致胜思维的10个因素中。

希尔：

　　您的意思是您遵守并应用了这些原则，而其他从事钢铁行业的人没有应用这些原则吗？

卡内基：

　　哦，我可没这么说。我要说的是，与其他许多原则相比，我更坚持地应用了这些原则。在钢铁行业，我的成就和其他人的成就的不同，很大程度上是由于原则应用的不同。

希尔：

　　那么，您的意思是您并不是拥有比其他人更大的能力，而是更合理地应用了原则？是这样吗？

卡内基：

是的，就是这样。我还要补充一点，在原则的应用方面，这种差异也是在其他领域的成功者和失败者之间的主要区别。取得成功的原则就像数学规则一样明确。有些人理解了这些原则，并坚持不懈地应用它们。其他人可能理解它们，但他们应用它们的持久性较差。一个人越执着，成功的可能性自然就越大。

希尔：

卡内基先生，我一直很想了解一个人从贫穷到富有的转变过程，实际上，大部分巨富似乎都是白手起家的。在现有的生活方式下，除了健全的头脑和每个人都有的机会外，什么都没有。现在，我想知道的是：一个人在贫穷中挣扎，决心要发财时，首先要做的是什么？从贫穷过渡的确切点在哪里？如何才能达到这一点？

卡内基：

你的问题涵盖面很广，细讲的话，一个月都讲不完，在这我尽量讲得简单清楚一些。首先，让我明确地回答你，提醒你，想要得出你的问题的答案，需要研究整个个人成功哲学，然而，我将更具体地给你提供至少一个起点，你可以从中得出自己的答案。

首先，一个人必须具有必要的创新致胜思维，使他能够认识到自己最适合的特定机会，同时考虑到他想要的财富数量以及他所提供的服务以换取财富。这无疑是首先要考虑的事情。

其次，众所周知，每个人都希望得到财富，但一般来说，愿望所考虑的是不需要任何回报的东西，或者是比所要回报的东西更有价值的东西。那么，接下来就是要通过认识到这样一个事实来消灭这个谬论：世上没有不劳而获的东西，或价值低于真实价值的东西。

希尔：

我明白了，顺便问一下，从贫穷到富有的过渡需要的是有组织的准备。卡内基先生，是这样的吗？

卡内基：

没错！财富不是来自愿望。它有一个更实质性的来源，我会设法讲清楚它的性质。不妨补充一句，没有已知的致富捷径。致富之路虽然很明显，但却相当漫长，而且有些地方走起来有点艰难。这些困难的地方拦住了数以百万计的失败者，他们一开始选择了这段旅程，但当事情变得艰难时，大多数人都选择了转身离开或者完全放弃这段旅程。

现在，让我回到你的问题。

一个准备好从贫穷变成富有的人，就像一个想把森林变成多产的田地的农民。他首先需要清除木材和碎片。然后犁地、整理土壤，之后播种。但所有这些步骤都必须明智地在适当的季节进行，否则就会没有收成。

对于下定决心想要摆脱贫穷的人来说，这恰恰是同样的过程。首先他必须清除头脑中所有消极的东西和自我强加的限制。然后，他必须对自己的教育、经验、天赋和一般能力进行评估，看看自己能提供什么服务。在此之后，他必须为他能够提供的服务寻找市场。这里需要个人成功的一个更重要的原则——"多走1公里"原则。我从来没有听说过有人不运用这一原则，不把它作为一种习惯就能从贫穷变为富有。

到目前为止，准备工作主要为清除人与成功之间的障碍。下一步是自我成功的意识：财富青睐决心获得它的人。懒惰、冷漠、自我强加的限制、恐惧和气馁永远不会吸引财富！

当一个人由于养成了"多走1公里"的习惯而吸引了别人对他产生好感之后，他就可以采取一个明确的主要目标，并开始通过一个明确的计划在行动中表达出来。自然，他的主要目标基于他所出售的服务。

从这时起，在任何情况下，他都以不同形式组合应用个人成功原则，这些都是他的主要目标所要求的。但是，请注意，他不会在困难的时候放弃。如果他的头脑中充满了成功的念头，他就不会想要放弃。这种准备对于获得财富是绝对必要的。

我必须提醒你：那些一心只想获得财富的人很可能会失望。从贫穷到富有过渡的良好的精神状态是，一个人把他的思维更多地集中在他所提供的服务上，而不是他所追求的财富上。

人们追求财富仅仅是为了获得财富，而这种财富有可能通过许多形式被掠夺！唉，恐怕认识到这个真理的人太少了。我真诚地相信，一个人积累财富的最好方法是通过提供某种形式的有用的服务，使自己成为不可或缺的人。我所有的经验都证实了这一点。我从别人的经验中学到的一切也都支持这一观点。

希尔：

那么，一个人不可能通过走捷径积累财富，或者与其他人一起积累财富，而这些人凭借数量优势而不是提供价值更高的服务？

卡内基：

哦，是的，人们可以而且有时确实通过走捷径致富了，但他们成功的机会非常渺茫，并且这种方法非常危险。这常常导致坐牢，有时甚至是更糟糕的后果。这类人会发现，他们的收益并不是永久的。它们就像烈日下的雪一样会快速融化。不义之财终究是不好的。

那些纯粹通过数量优势获得暂时优势的人，可能会在一段时间内收获超过其服务的价值；但他们就像那个杀了下金蛋的鹅的人，他们所提供的服务的市场一旦没了，可能是因为购买者破产了，或者是因为购买者不愿意再接受这种欺骗。欺骗，无论以何种形式或以何种伪装进行，都会让欺骗者自食恶果，使其难堪。这就是为什么应用黄金法则必然是个人成功的原则之一。

这些话听起来像是说教，但请记住，这些话也是不变的真理！这些话是那些尝试过多种致富方法的人的经验的结晶和本质。如果有人相信它是正确的，而不必通过尝试它的相反的过程来了解它，那他无疑是幸运的。

希尔：

如果让您进行总结，对于那些渴望积累财富的人来说，最重要的是什么？

卡内基：

> 这很简单！最重要的是以最小的摩擦与他人谈判，从而获得最大程度的友好合作。更简单地说，人生最重要的事情是"人际关系"。所有的成功和失败都是人际关系的结果。一个学会如何与他人谈判从而赢得他们的信心和友好合作的人已经成功了九成。之后的过程既明确又相对容易。在这种情况下，黄金法则和"多走1公里"的原则是至关重要的。

希尔：

> 您听到过什么"声音"，有合理的理由反对这种哲学中所描述的任何原则吗？

卡内基：

> 现在，如果你没有在你的问题中包括"声音"这个词，我将不得不肯定地回答：是。但是，正如你所说的那样，回答你的问题，我不得不说不。关于这一哲学，任何人都容易提出的论点是那些想要不劳而获的人，或那些因嫉妒而对成功人士吹毛求疵的人可能会提出的论点。
>
> 除了这些特例，你将发现没有人能够或试图质疑这种哲学的合理性。事实上，它是如此健全，经得起挑战，除了我上面提到的那些人。

希尔：

> 现在，让我们回到您对创新致胜思维的定义中，卡内基先生。我希望确保自己理解该原则的全部含义，也希望对其在日常生活中的实际应用有充分的了解。因此，您可

以更全面地分析该原则吗？

卡内基：

尽管我已经描述了该原则是什么以及该原则的应用可以实现什么，但是如果我现在告诉你它不是什么，可能会更好。

我想不出比我的一个熟人的案例更能说明缺乏创新致胜思维了。我的一个熟人被邀请在亨利·福特汽车公司的初期投资5 000美元，当时福特先生正急需营运资金。

他完全出得起这笔钱，并且想投资，他向我咨询在亨利·福特汽车公司投资的可靠性，我强烈建议他投资。几个月后，我问他是否听从了我的建议，他说没有。

"首先，"他说，"这种汽车是一种新的时尚，很快就会过时的。"

这是表明他缺乏远见的第1个错误。

"其次，"他大声说，"我不相信这个福特知道他自己在干什么。"

这是表明他缺乏远见的第2个错误。

"第三，"他哭着说，"如果我把钱投在生意上，我就没有保障了，因为这个生意还仅仅是一个想法。"

这是表明他缺乏远见的第3个错误，因为有远见的人认为正确的想法是所有资产中最安全和最有价值的。

大约在我的熟人有机会向亨利·福特公司投资的同时，另一个名叫詹姆斯·库森斯的男子带来了5 000美元，外加敏锐的创新致胜思维。他不仅将钱投资于亨利·福特公司，而且还为公司提供了个人服务。他现在仍然在亨利·福特公司工作，虽然我不知道他在公司获得的利润有多少，但我猜想那至少会是他最初投资的20倍。

你看，詹姆斯·库森斯理解思维的价值。他也看到了汽车行业的未来，当然，我几乎不用提他懂得福特先生在做什么。

作者注

在卡内基的这番话发表的多年之后，詹姆斯·库森斯离开了亨利·福特公司，据可靠消息称，他在亨利·福特公司获得的利润达到了12 000 000美元，更不用说他从工资和投资中获得的收益了。

希尔：

现在，回到您提到的关于美国芝加哥大学哈珀博士的故事。您认为他运用了创新致胜思维所包含的10个因素了吗？

卡内基：

好吧，他在不到1个小时的时间里从一个他以前遇到的人那里弄到了一百万美元的捐赠，你分析一下他的聪明才智就会知道答案了。

不过，我很了解哈珀博士。因此，我可以明确地告诉你，他在他所做的几乎每一件事上都把创新致胜思维的原则应用其中。他被公认为教育界能干的筹款人之一。

现在让我给你举另一个具有创新致胜思维的人的案例，他叫休·查尔默斯（Hugh Chalmers），现在是底特律一家大型汽车厂的厂长。

当查尔默斯先生担任国家收银机公司（National Cash

Register Company）的总经理时，他的公司陷入了与竞争对手的斗争之中，这使其濒临破产。业务以惊人的速度减少。尽管查尔默斯先生非常了解可以开展的业务有很多，但该领域的销售人员仍在发送悲观的报告，表示他们无法开展业务。

作为一个具有创新致胜思维的人，他了解了情况，确定了业务减少的原因，并制订了补救计划。如果你观察那些具有创新致胜思维的人，你会发现他们在困难时不会放弃。相反，不管有什么困难，他们通常都会全力以赴，做好战斗的准备。查尔默斯先生就是这样。

在制订了解决问题的明确计划后，查尔默斯先生给现场的每一位推销员发了电报，让他们到美国俄亥俄州代顿市的总公司开会。销售人员到达后，查尔默斯先生在公司礼堂召开了一次会议。会议开始后，查尔默斯先生站起来对销售人员讲道：

"先生们，我猜你们想知道我为什么叫你们来。好吧，我就开门见山地来满足你们的好奇心吧。几个月来，你们一直用各种悲观的借口搪塞我，说你们无法拿到订货单。有些人给出这样一个理由来解释订单减少，有些人给出那样一个理由；但有一件事你们似乎都同意，那就是这个领域出了问题，使你们难以获得订单。"

"现在我要告诉你们真正的麻烦是什么。我们的竞争对手散布了我们即将破产的消息，而你们增强了那条消息的效果，把它变成了一种恐惧情结。这个领域有很多生意，但你们卖的是恐惧账单，而不是国家收银机。此时此刻，我可以告诉你们，除非你们摆脱恐惧，回去工作，否则你们将会产生真正的恐惧，因为你们所有人都将寻找新的工作。"

"这是我的分析，但我不会在没有给你们机会发言的情况下将观点强加于你们。现在，你们说吧，你们告诉我，你们认为问题出在哪里。"

坦率地陈述了现实情况之后，查尔默斯先生宣布进行自由讨论，邀请在场的每位推销员参加。

第一个人站起来了，开始卸下心理重担。

"我不能代表其他推销员，"他开始说了，"但我可以代表我自己说话。我只知道发生了一件事，使我失去了勇气。现在，只要我一提到我们公司和业务，就发现所有的商家都对我们公司怀有敌意。除此之外，在我的片区销售业绩一直不好，我认为批发商们不会买我的收银机，即使他们喜欢我们的公司。"

带着这种悲观情绪，推销员坐了下来。然后另一个人站了起来，开始讲述他的想法。

"我支持他刚才所说的一切，"他开始说道，"而且我可以进一步补充。在我的片区，即牲畜之乡，牲畜的价格一直在下降，直到扰乱了整个片区。此外，今年是总统大选之年，每个人都在观望，看谁会赢，之后才会选择投资项目。而且除此之外……"

他没再说下去，这时查尔默斯先生跳上桌子，举起双手让大家安静下来，大声说道："我希望有人站起来，告诉我在他的片区里什么是正确的。暂时把你们的注意力从你们认为是错的地方移开，直接给我一些鼓舞人心的消息吧。我知道你们可以，只要你们诚实，说实话，即使你们不得不尴尬地承认。"

另一位推销员站起来了，他说道：

"查尔默斯先生，我很明白这一点！我也准备了一堆借口，但事实是我一直没有以正确的心态工作。除了我自己，我无法代表任何人说话，但是我可以向你保证：我将回到自己的片区，并保证发送订单而不是寻找借口。"

他坐了下来，下一个人跳了起来。他说：

"是的，我比他更擅长演讲。我将以一种不同的精神状态回到我的片区，我将保证把我过去在该片区所做的销售量翻一番。"

当他坐下时，另一个人跳起来大叫：

"我也是，而且我想说，我认为我们都应该为给您带来的麻烦道歉，使您不得不叫我们到这里来。我回去时决心把销售量扩大一倍。如果我失败了，您可以考虑辞掉我。"

之后推销员们一位接一位地站起来说着同样的话。两个小时后，会议结束了，人们开始向他们的片区进发。第2个月公司的业务增长到前几个月的两倍。我还听人评价说，一个具有创新致胜思维的人用这个戏剧性的方式拯救了国家收银机公司，使其免于金融灾难。

因此，无论你在何处找到具有创新致胜思维的人，故事都会如此。对于这些人来说，没有"不可能"这样的词语。他们将绊脚石转化为垫脚石，就像路德·伯班克一样，他们让原来一片叶子的地方长出两片叶子。

有创造力的人筑起了大河，温暖了快乐的市民的心，让他们在业余时间在充足的阳光下阅读他们喜欢的书。他们在日落时"按下按钮"，瞧！太阳又升起了。

以类似的方式，开拓者的思想触动了机器上的弹簧，机器开始发出声音。

这些开拓者在沙漠中铺设了铁路网络，这片土地出产了足以养活整个国家的金黄谷物。

他们把几个轮子和一些金属零件整合起来，把它们变成了一辆不用马拉的汽车。

他们把几片硒片放在一个小接收器里，接上电，瞧！它将人类的声音传遍整个大陆。自此，住在不同的遥远城市的朋友也可以像邻居一样交谈。

他们建造横跨海洋和大陆的电报和电缆线路，为遍布这个世界的客户服务，处于不同地区人们之间的业务也可以在几分钟内完成。

他们建造交通设施和大型零售商店，世界市场被带到每个人的家门口。

有创新致胜思维的人派遣一支工人团体到巴拿马，指导他们劳动，从而节省了数千公里、数百万美元的航运费用。

有创新致胜思维的人组装了几片竹子，用布覆盖它们，加上一个小型汽油发动机作为动力，这个东西就像一只鸟一样飞到空中。

有创新致胜思维的人从价值18美元的手表开始做生意，把它们卖给几个朋友，并从这个不起眼的业务开端发展成为美国最大的邮购公司。

有创新致胜思维的人将一块玻璃插入一个小管中，将其转向天空，并揭示人眼从未见过的世界。

有创新致胜思维的人乘坐着比划艇更适合航海的脆弱的帆船，踏上未知的海洋，继续前行，直到发现一个新的世界。

有创新致胜思维的人驾驭海浪，将海浪的能量转化为电能，推动工业的车轮前进。

有创新致胜思维的人写了一篇名为《补偿》的文章，向全世界揭示了不劳而获是不会发生的真理。

有创新致胜思维的人将一种令人愉悦的棕色饮料装满瓶子，将其命名为可口可乐，使千百万人欢呼雀跃，更为销售这些饮料的人们积累了大量财富。

有创新致胜思维的人宣扬一条简单的戒律，即登山宝训，为全世界树立了一个值得效仿的人际关系的榜样。

有创新致胜思维的人通过回顾过去预测未来。

有创新致胜思维的人写书，把他们的伙伴从绝望的深渊中拉出来，开启全新的生活。

有创新致胜思维的人将地球上的金属结合成能够抵抗锈蚀并以1 000种有用方式为人类服务的合金。

有创新致胜思维的人在最宽的河流上架设钢丝桥。

事实上，这些具有创新致胜思维的人为人们提供了过去时代的国王和君主所不曾知晓也不曾享受的奢侈品。

是的，对于具有创新致胜思维的人来说，没有什么是不可能的！他们是文明的开拓者、个人主观能动性的激发者。

故事就这样继续下去将永无止境。只要找到具有创新致胜思维的人，就能发现进步、繁荣和高标准的生活。

你想知道更多关于创新致胜思维的原则吗？好吧，无论你在哪里找到了一个发展繁荣的企业，你都会遇到一个有这种能力的人。这个人可能藏在幕后，公众对他知之甚少，但他依然会在那里。一定是这样的，否则就不会有繁荣的景象。

我还可以告诉你一件所有人都应该知道的事。如果我们不再鼓励人们使用创新致胜思维的能力，我们不妨关闭企业，回家，只要我们有家可回。有创新致胜思维的人对每一个工厂负责，对每一个工厂的每一项工作负责。他们也对现有的生活方式负责。

希尔：

从您对创新致胜思维的分析，我得出结论，一般来说，您相信这种能力是某种特定动机的结果，这种动机将想象力激发到了痴迷的程度。

卡内基：

简单地说，就是这个意思！但是，关于动机的问题，我还想说点别的，就是：与其用称谓和褒奖来奖励有创新致胜思维的人，还不如从公共资金中拨出适当的酬金来奖励他们。这样做不是为了支付他们的服务，而是承认他们给人类带来的贡献。

国家应该设立年度奖，以奖励那些在工业的各个领域，通过他们的创新致胜思维对整个工业和大众福利做出巨大贡献的人。

对于专业、贸易、商业和金融也应遵循同样的计划。以诺贝尔年度杰出成就奖制度为基础，这笔酬金应该是可观的。

我发现钢铁行业的奖励金额很高，事实上，金额非常丰厚，以至于我给一些和我一起工作的领导的年度奖金总计超过一百万美元。

这是我关于如何发展创新致胜思维的想法，不是把它作为鼓励有激进倾向的人去射击的闪亮标记，而是把它作为鼓励所有人为之奋斗的目标。

当然，真正聪明的人会认识到这个建议的正确性，并将其用于自我提升。真正聪明的人总是这样。如果雇主忽视了这种对其员工杰出成就的认可，那他就像是一只鸵鸟，在危险来临时只会把头伸到沙子里。

希尔：

您的建议似乎很合理，卡内基先生，它的正确性的最好的证明是，您已经通过发展它收获了巨大的财富。

卡内基：

是的，如果你所说的财富是指我从与人交往中获得的知识的话。我所积累的财富只是我真正财富的一小部分。这一点可以从以下事实中找到证据：我以极快的速度安全地把钱捐出去。我财富中非常宝贵的一部分是我通过与你们的合作给予人民的知识。人们应该认识到这样一个真理：创新致胜思维是文明的前哨，是人类文明的基础。

我希望人们变得富有，但我自己的经验告诉我，一切形式的财富中最伟大的是实践的智慧，通过它人们可以清楚地认识到，世上没有不劳而获！万物都有其代价，整个宇宙都在有序运转，必须付出相应的代价。物质财富和其他形式的财富一样，都是个人主观能动性的结果，需要通过加倍努力来获得。

智慧可以装饰财富，也可以软化贫穷。

——苏格拉底

希尔：

卡内基先生，您认为会有人认识到正确的个人成功哲学吗？

卡内基：

如果我不这么认为，我就不会花时间指导你，让你给他们提供这样的哲学！是的，我相信人们有能力觉醒。当然，健全的思维方式也许不会全面复苏，但你会发现，几乎每个行业都存在这样一些人，他们足够聪明，能够承认并接受哲学作为自我提升的一种手段。通过他们成功应用哲学的案例，引起别人的注意，在少数人中传播开来，并逐渐扩散，直到它成为文明的重要影响因素。

请记住这一真理：合理的原则显然对个人的自我提升有益，无论何时何地，当它们和不合理的原则同时出现，合理的原则总是会得到承认和利用。真理将在谎言中脱颖而出，就像蓝色背景下闪耀的太阳，无论两者并排放在何处。

我相信人们会认可并合理运用个人成功哲学，因为我知道这是健全的。写下这些话，并记住我说过的话：无论你在哪里找到拥有这种哲学价值的人，他都会是具有创新致胜思维能力的人！仔细观察那个人，你会看到他抛弃了失败主义的精神，并采取了新的个人主观能动性。他的想象力将变得更加机敏。他将与他的同事们形成鲜明对比。他的同事们会注意到他已经发生的变化，他们会谈到这一变化，他会在召唤下突飞猛进，他的成功将激发其他人探究其根源。这样，个人成功哲学将得以立足并传播开来。

作者注

成千上万个了解这一哲学的人的经历提供了不可否认的证据，证明了卡内基关于它将以何种方式传播其自身价值的观点是正确的。这一理念已经站稳脚跟。这一哲学思想被翻译成葡萄牙语，在巴西广泛传播，在澳大利亚出版了特别版本，在英国发行，并在印度发行。它已经被菲律宾群岛的公立学校和美国的许多学校采用。因此，我们可以发现，卡内基曾以多么敏锐的理解力表示这一哲学很可能成为动荡世界中的一股生机勃勃的力量。

希尔：

卡内基先生，您认为还需要多长时间才能使这种哲学在美国普及开来，使它取代激进哲学呢？

卡内基：

没有人能肯定地回答这个问题，但我可以告诉你：所需的时间将比组织形成这种哲学所需的时间短得多。正如我已经说过的，你必须花费不少于20年的研究时间，才能将个人成功哲学思维广泛传播。当你的工作完成后，会有一段时间，人们对你的工作表现出漠不关心的样子，就像所有人对于在他们的时代走在前面的人的成功也会有类似的漠视期一样。如果这个国家陷于某个大灾难时，比如全国性的大萧条，或者一场打乱人民经济现状的战争，那么你的大好机会就会紧随着那场灾难而来，因为人民会明白，每个人都必须遵循健全的规则来与他人交往。

作者注

我们再次发现了大量的证据，证明卡内基有能力通过回顾过去预测未来。这一哲学思想于1908年开始研究，1928年关于这种思想的书籍撰写完成并首次出版，经历了整整20年的酝酿过程。接着是持续多年的全国性大萧条。人们对这种哲学的需求已经变得如此明确，我的《思考致富》一书中已经发表了它，使它对所有经历令人不安的状况而产生个人问题的人都有直接的用处。

希尔采访 解析

　　卡内基前文中的分析已经完全涵盖了"创新致胜思维"主题的精髓，因此，似乎无须再对该主题进行进一步的分析。在此，我将简要总结他的分析重点。

　　（1）通过表明想象力主要是处理局部的环境的能力，创新致胜思维是思考与人际关系有关因素的能力，他清楚地强调了二者之间的区别。

　　（2）通过列举一些生动的事例，卡内基描述了想象力和创新致胜思维在日常生活事务中的实际应用，从而揭示了成功人士应用这些原则的技巧。

　　（3）强调基本动机的重要性，这是所有个人主观能动性的源泉，也是激发想象力和创新致胜思维的源泉。

　　（4）特别指出理解和运用创新致胜思维原则的人的十大特征。

　　（5）恰当地呼吁人们注意这样一个事实，即创新致胜思维对所有时代和所有国家的人民进步都非常重要。

　　（6）多次提醒人们注意，期待不劳而获的做法是不可取的。

（7）基于不劳而获的普遍趋势，他对未来进行了分析。每一个公民都应该铭记这一点，所有希望在未来获得财富的人都必须注意这一点。

（8）提醒人们注重识别和抓住有利于自我提升的机会进行能力培养，并提到只有那些变得如此警觉的人才有希望在不论哪种职业中都能获得显著的成功。

（9）清晰地描述了从贫穷向富裕过渡的过程。

（10）强调"多走1公里"的必要性，并恰当地提出，他从未见过任何人不遵循这种习惯就能超越平庸。

（11）将人际关系描述为那些渴望在所处行业中取得显著成功的人所要思考的最重要的事情。

（12）最后，但同样重要的是，建议人们停止向具有创新致胜思维的人"扔砖头"，而是开始向他们学习。

现在，我来谈谈自己对创新致胜思维的理解。它基于我们所生活的这个不断变化的世界的要求而产生。卡内基是在接受采访的30多年前提出了这个问题。从那时起，整个文明经历了并将继续经历着令人震惊的变化，这些变化使创新致胜思维变得越来越重要。

当我分析现在社会正在发生的变化的本质时，有一种危险威胁着人们，这一危险比其他任何状况都要严峻。

当自由企业的权利被这样或那样的借口一个接着一个地剥夺的时候，人们没有发出抗议的声音，这呈现出一种日益增长的趋势。

正如卡内基一次又一次地呼吁人们注意，个人主观能动性是一切成就的基础。从他自己丰富的个人事业中，他描绘了一幅又一幅人们通过发挥个人主观能动性而取得成功的蓝图。

自从文明出现以来，人们就知道，一个人所提供的服务是因，所得到的报酬是果，而结果与前者的质和量是紧密联系的。

正如小火产生少量热量，大火产生大量热量一样，服务质量和数量的低劣将导致低收入，优质的服务质量和数量会产生令人满意的报酬。

从这个结论来看，取得成功没有投机取巧的余地。

很久以前，一位伟大的哲学家说过："人最大的罪恶是拒绝面对事实！"

现在是我们每个人都需要面对现实并承认它们的真实性的时候了。

我们仍然拥有具有创新致胜思维的人作为整个经济体系的支柱，但我们用辱骂和言语攻击来"奖励"他们，以显示我们的忘恩负义。

我们仍然拥有发展工业所需的所有营运资金，但是我们对那些冒着风险投资的人表现出了敌意，以至于他们变得多疑，拒绝投资。

这个国家现在需要具有创新致胜思维的领导者，这是它以前从未需要过的。

这些只是正在腐蚀我们的一小部分！我们应该面对现实，改变立场。正如卡内基提到的那样，所有个人主观能动性都是基于动机。因此，让我们来看看，本章的读者在开发和运用创新致胜思维方面会有哪些动机。

建议运用创新致胜思维的发展领域

思维是一切成功的起点，它们是一切进步的幼苗。首先，请允许我提一些我认为值得分析和思考的想法。

（1）现在非常需要一系列既具娱乐又有教育意义的报纸连环画。到目前为止，这种需要大部分是由缺乏教育价值的学科提供的。看漫画是孩子们最主要的娱乐活动。因此，这为具有娱乐与教育相结合的能力，并且会手绘的人提供了一个无与伦比的机会，那些不会画画但有好主意的人可以利用这个机会和那些会手绘的人组成一个智囊团。

（2）在广播领域也有类似的机会，现在急需引进既具有教育意义又兼具娱乐性的广播节目。就像报纸连环画一样，目前节目的很多内容质量都需要提高。毫无疑问，我们需要足够多的具有创新致胜思维的人来挽救电台（这也许是近期伟大的发现之一），使其免于因劣质节目而解体。

（3）迫切需要为儿童提供具有教育意义和娱乐性的故事书。拯救报纸连环画和广播的创意致胜思维很可能会转向为儿童制作书籍，通过书籍孩子们可以获得有用的知识并获得快乐。近期对儿童故事书的调查显示了一个令人吃惊的事实，即该领域特别缺少所描述的这类性质的图书，一位著名的儿童书籍出版商表示，他希望有人能为他提供这类书籍的相关素材。这对于一些聪明的人来说是一个绝妙的机会，他们懂得如何通过图片和故事满足孩子的需求。

（4）有些人还没有为他们的创新致胜思维找到出路，也许这些人可以通过某种方法来增加加油站的服务（和收入来源）

而致富，这些加油站遍布美国显著的角落并且有多余的汽车停车位。因此，人们使用的几乎所有种类的商品都可以在这些地方进行分销。找到利用这个机会的方法的人们不仅会给那些几乎没有经验的加油站经营者提供持久的帮助，也会给人们提供极大的便利。

（5）在完善安全装置以降低汽车交通事故的危害方面，对创新致胜思维更是拥有迫切的需求。汽车事故造成的高死亡率（每年超过36 000例）产生了对设计高速公路系统的需求，高速公路系统的设计旨在降低事故发生的概率。也许这是一个比外行人更适合的工程师们的机会，为汽车或与高速公路设计相关类型的安全装置，降低汽车事故的发生概率，这将为工程师们提供一个施展才华的机会。诸如铁路使用的信号系统可以提供一种解决该问题的思路，安装这一系统的道路可以在通过交叉路口时使汽车之间保持安全距离，从而达到降低交通事故风险的目的。

对于完善道路建筑材料的人来说，这也是一个巨大的机会。可以制作一种不会随天气变化而收缩和膨胀的材料，防止车辆在潮湿天气下打滑。也许这是一个拥有丰富化学知识的人可以发挥的领域。这可能是一种比普通建筑砖大得多、重得多的新型砖，其构造使得砖在铺设时可以互锁，从而达到上述目的。部分这样的砖可能是由木工厂和锯木厂的废料制成的，也许是通过将废旧木料与抗水剂混合而成的。一旦制造出这样的砖，它将迅速在建筑领域掀起热潮。

（6）每天在高速公路上行驶的汽车中数万立方米的未使用的座位空间可以投入实际应用，这将特别有助于降低汽车的运营成本。具有创新致胜思维的人可以将这个浪费的空间改造成一种新型的小包装或快递服务的区域，这种包装将非常流行并且对所有相关人员都有利。

（7）现有的教育体系可以朝着某种方向改进，这种改进会给教育注入活力并且提供更加丰富的娱乐活动，从而阻止逃课发生，再加上对人类思维特征的了解，这只能通过娱乐活动来达到。希望在这一领域运用创新致胜思维的人，也可能会找到一种方法，通过某种方式将教育和娱乐结合起来，在广播渠道中推广此种思维。这个想法也可以扩展到有声电影领域，在有声电影领域，教育改革已经找到了一个出口，但缺乏一个使其普遍有效的合适的体系。

（8）在玩具领域，有且永远会有对吸引孩子们的新奇想法的需求。在这方面，教育也可以与娱乐相结合。

（9）为了适应新改进的营销市场的竞争，小本商人和零售商人都需要法律顾问。这是一个有能力修复现有的漏洞的人的施展之地。有些人已经从事这一职业，但目前人数很少，远远跟不上需求。一位专家与电力公司合作，完全投身于重新布置照明系统，以便更好地展示商品。不到一周，他所在的一家零售店做了相应的改进，使得该店的生意比上个月最好的时候的营业额增长超过了25%，这项服务包括调整库存，设计新的展示柜台、新的橱窗展示设备以及新的更好的推广方式。这个领域的可能性是无限的。

（10）每个拥有现代化设备的印刷厂都有机会为有新想法和实用计划的人提供印刷和广告的服务。拥有创新致胜思维的人可能会在这个领域找到施展才华的机会，以至于很快他将拥有并运营一个印刷服务联合组织，通过该联合组织，他将为一系列印刷机构提供新的想法。例如有个人写了一篇简短的文章，题为《与男孩和女孩在一起时会做些什么》，专供商学院使用，由商学院赠予高中毕业班，然后交给芝加哥的一家印刷厂。他最近一次收到销售报告时，该印刷品的销量已远远超过一千万册，其中每千册印刷厂赚了3美元。你们可以自己算算利润。任何写作熟练或创造出需要打印内容的想法的人，都会发现这是一个有利可图的领域，将创造源源不断的利润。

（11）软饮料领域也同样蕴藏着巨大的商机！如果一个人把自己的创新致胜思维应用于工作中，并且生产出一种像可口可乐一样受欢迎的饮料，那么他将迅速走上致富的道路。可口可乐的生意比其他任何软饮料都能让更多的人变得富有，但这并不意味着其他饮料都无法与之匹敌，或者说它可能是非常出类拔萃的。公众饮用的软饮料越多，他们就越不想喝含酒精的饮料，因此，应该有这样一个领域，向那些认为含酒精的饮料正在伤害年轻人的人提出挑战。

（12）如果一个人可以发明一个完美的一次性瓶子，它的强度足以承受碳酸饮料所带来的压力，那么这个人就会走上致富的道路。瓶子也许可以用玻璃纸之类的材料制成，这样里面的东西就清晰可见。这也许是一个需要智囊团与化学家合作才能达到完美的想法，但它有无限的可能性来积累财富。瓶子必须制作得足够便宜，以便在喝完东西后可以直接扔掉。

（13）那些具有创新致胜思维的聪明女性，可以为孩子们发明一套缝纫系统，既可以教授缝纫技术，又可以提供娱乐功能，从而获得名气与财富。这些作品可以定价5美分或10美分在商店出售，同时还可以推广缝纫课程。这个系统的安排可以促使女孩们对自己动手制作衣服产生兴趣。每个女孩都有对漂亮衣服的渴望，这将有助于传播这种观念。

当然还有许许多多的想法，讲也讲不完……

创新致胜思维是发现自我的桥梁

有这样一群人，他们受到这种哲学鼓舞，从而发现自我。关于他们的记录是非常广泛的，几乎在各行各业都能找到。如果在这里把这些人的名字一一公布的话，本章就没有多余的篇幅来写别的内容了。但我要提到的这些人，是发现自我的典型案例。创新致胜思维的种子就埋在最不引人注意的头脑的角落里，只需要一个适当的动机就能将它唤醒。它存在于数以百万计的头脑中，但大多数时候，它们的主人生活在贫困和匮乏之中，最终它们会回到来时的尘土中，而没有发现自己所拥有的财富。

1937年，我出版了一卷解释这一哲学的书——《思考致富》。不久，这本书就到了费尔斯通轮胎和橡胶公司（Firestone Tire and Rubber Company）一位推销员的手中。当他读这本书的时候，也许是书里的一些东西，或者是字里行间的一些东西，在他的脑海里点燃了创新致胜思维的火花，开启了他通往成功的新旅程。

要知道，这本书没有教会他任何他不知道的东西。它只是唤醒了推销员已经拥有但不知道自己拥有的某种东西。但这已经足够了。他没有要求预约，就给我发了电报，说他是来面试的。我们在纽约见面，谈了两个小时。当推销员乘火车回到他居住的美国印第安纳州时，他的精神面貌完全不同了。

当他回到家时，这个城镇看起来和他离开时不一样了，他的朋友们看起来不一样了，他的妻子看起来也不一样了。他们的不同，是因为他自己已经发生了改变。他拥有了巨大的能量，这注定会很快改变他的经济地位。

推销员所做的第一件事就是遵循这一哲学中的指示，通过这些指示，他选择了一个新的明确的主要目标。然后他严格遵守哲学的指示，制订了一个计划来实现这个目标。他的目标是自我提升，找到一份更好、薪水更高的工作。他的孩子即将出生，他需要更多的钱。因此，他有明确的动机来选择新的主要目标。

在他的计划制订完成后，他坐火车前往俄亥俄州的阿克伦市，向他的雇主展示了他的计划。他没有恐惧或怀疑，他在开始讲述之前就知道他的计划是可靠的、会成功的。这是那些唤醒沉睡在他们内心的创新致胜思维的人具有的鲜明特征。当他从阿克伦市回来时，他的妻子在火车站接他。在火车完全停站之前，她从窗口看到了他的脸，知道他带回来了好消息。

他的口袋里装着与雇主的新合同。这位推销员即将担任分公司经理一职。从这个案例我们可以看出，当一个人唤醒自己内心的创新致胜思维时，他就会成为一个具有吸引力的人，吸引着他想要的东西。

如果你去问这位推销员为什么能够成功推销自己，他会告诉你把自己推销给一个管理者就像把汽车轮胎卖给经销商一样容易。这是因为他自己完全清楚自己想要什么。

在写这一章的时候，我收到了一封来自保险推销员的信，信中解释了他是如何发现并运用创新致胜思维的。

最重大的进展是基于最长远的眼光。

这封信很简短。从表面上看，没有任何迹象表明发生了什么奇迹，但对我来说，这封信讲述了一个在任何地方都可能发生的事情。

我知道发生了"奇迹"！也就是，发生在保险推销员思维的秘密角落里的那件事构成了我所知道的最接近"奇迹"的事物，因为那里发生的事情揭示了每个人都拥有的天才要素，即创新致胜思维的力量！

简要回顾一下他的经历，我发现这就是发生的事实。他拥有《思考致富》一书。当他读这本书时，在某个地方，他发现了"阿拉丁神灯"，这盏灯唤起了一直在他头脑中沉睡的"精灵"。受到神奇的影响，他放下书，向天空看去，开始扪心自问。

"为什么，"他开始说道，"我一直在花时间销售小额保单，而我本来可以制订自己的计划使我可以销售出大额保单。"

"为什么，"他继续说道，"我一直都忽略了这一点，现在我觉得有一种力量敦促我去做更好、更重要的事情。"

"我为什么不举目仰望群星，却瞄准我脚下的尘土呢？"

然后答案来了。它写得很明确，保险推销员知道自己已不是刚开始读这本书的那个人了，他是个全新的人，他对世界的态度不同了，他对自己和他所选择的职业的态度也不同了。

他并不是仅仅靠冥想就做到这一点的，他认识到，消极的信念根本就不是信念，因此，当时他就在那里获得了最近在他身上显露出来的奇特的力量，并以与他的职业有关的行动来发挥这种力量。

他拿起城市通讯录，开始用手指在人名那一栏上画来画去。最后，他的手指停在了一个地方，这就是他所寻找的名字。这是一个有经济实力购买大额人寿保险的人的名字。

"现在，"他自言自语，"为什么我以前没想到这个人呢？我本来可以花同样的时间去找那些能买大额保险的人，为什么要花时间去找那些只能买得起小额保险的人呢?"

他合上报纸,从座位上站起来,戴上帽子,穿上外衣,没有花时间做进一步的准备,就径直向他新挑选的客人的办公室走去。

这位客人礼貌地接待了他。他陈述了自己的业务,并介绍了人寿保险推销员在销售前通常必须讨论的细节。过了一会儿,他从座位上站起来,同他的客人握了握手,感谢他的好意。

当他回到办公室时,他随身携带了一份在美国得梅因或者该地区销售的最大寿险保单的申请。该申请的保单额度高达两百万美元。

这比大多数保险推销员连续十年艰苦努力卖出的保险还要多。

然而,他并没有付出额外的努力,事实上,他似乎根本没有做什么,买卖这么容易就做成了。这是创新致胜思维的另一个古怪特征,那些使用它的人们付出最少的努力就可以完成他们的工作。

回到办公室后,他坐了下来,看着这张保单,陷入了沉思。在他的记忆里,他回到了开始卖人寿保险的那天,一步一步地回顾走过的每一段工作旅程。他一个接一个地回想起那些拒绝购买保险的人,不知道自己哪里做得不够好。

在他回想了所有以前的推销经历之后,他有了另一个发现,这个发现从本质上讲非常重要,每个从事人寿保险销售的人都应该知道。

他发现人寿保险是卖给人寿保险业务员,也就是他自己的。人寿保险在他拜访潜在买家之前就已经售出。通过自己的思维状态、信念以及坚信每个人都应该为自己提供这种经济安全保障,通过他自己的创新致胜思维售出!

这一发现的美妙之处在于,它让这位保险推销员拥有了一笔财产,这笔财产是如此的安全、牢固,任何商业萧条都不能从他手里夺走它。

报界记者听说了这个"奇迹"，纷纷围住保险推销员的办公室要报道这个故事。在写这个故事的时候，他们忽略了给他带来人生最重要转折点的书名，只说这是一本"奇迹"之书。

故事播出后，一个个电话纷纷打到保险推销员的办公室。得梅因地区的其他男人的妻子都读了这个故事，她们想知道从哪儿能买到这本书，她们想把这本书送给她们的丈夫。书店里满是订单，电报订单开始涌入图书出版商的办公室，我就是这样得知事情的经过的。

同样的事情正在美国各地发生。这本神奇的书，《思考致富》，正在帮助人们打开自己建造的"监狱"，人们之前因为缺乏对自身创新致胜思维种子的认识而被"囚禁"其中。

这本书让这两个人踏上了通往成功的新旅程。大约在这本书出版的两年后，我把一本亲笔签名的书送给了我在佐治亚州亚特兰大的一个朋友。

六个月过去了，我没有听到任何关于这份礼物的消息。直到有一天，我收到了一封信，里面夹着一份剪报，讲的是另一个"奇迹"的故事。

细节是这样的：通过学习这本书的某些内容，我的朋友发现他也受到了"阿拉丁神灯"的力量的保佑，那就是他的创新致胜思维。

和上面提到的那两个人一样，他不仅认识到这本书的力量，而且立即开始利用它。当第一次发现这一点时，他正在一家自助餐厅工作，每周的薪水是45美元。

一天晚上，工作结束后，他戴上帽子，穿上外套，沿街闲逛，开始认真地把他的创意付诸实践。他数了数经过那个街角的人数，断定这是个适合开餐厅的地点。比这更重要的是，他决定（当然，这是他自己的决定，这是通过他的主动行动达成的）转换自己的身份，成为餐厅的老板，而不是员工。

但是他并没有仅仅停留于产生想法。第二天，他就开始把他的想法付诸行动。到周末时，他已经为他的新生意租了一个合适的地方。不到三个月，餐厅装修完毕，他搬进新式餐厅开始营业。

他没有投资一分钱就做到了这一切。他通过将沉睡在心中的创造型想象力卖给一个有钱的人来筹集资金，这个人为他提供了必要的运营资本，以换取公司一半的权益。他用在前一职位上获得的经验换来了属于自己的一半权益，另外，更重要的是，他运用了自己新发现的创新致胜思维，这对经营一家公司来说是非常必要的。

不到一年，这家新的自助餐厅就达到了每月1 000美元的盈利。因此，创新致胜思维在使用的第一年就开始产生效益，餐厅未来的回报是不可估量的。这位机警的餐厅老板已经收到许多人的邀请，希望他在其他地方开设分店。机会已经来了，它正紧跟着他的脚步，乞求为他服务。这是一个善于运用自己的创新致胜思维的人的另一个特点：他发现自己是一个"磁铁"，像磁铁吸引钢屑一样吸引着有利的机会。

现在仍然有世界需要征服，并非所有的门都对创新致胜思维关闭。世界热切地等待着发明、创造和运用创新致胜思维的人。

在工业化学领域，创新致胜思维的机会是无限的。农业领域需要有创新致胜思维的人，这些人将帮助农民制止正在侵袭农产品的合成科学产品的破坏。

在纺织、航空、教育、食品制造、塑料和胶合板、水泥和建筑材料、汽车、煤焦油产品、人造丝、无线电、电话等许多领域，创新致胜思维的机会也是无限的。

总有一天，某个具有创新致胜思维的人会制造出一架能够安全着陆的飞机，或一辆只使用很少或不使用汽油的汽车，或一座不怕着火的房屋，或一种能彻底治愈普通感冒的药。

这样的人很快就会得到丰厚回报，他们的发明可能颠覆世界。

你们这些正在阅读这一章的人，你和你的创新致胜思维呢？你准备用什么行动来唤醒它并让它为你服务？

你将在何时何地以及如何在自己的脑海中寻找到将思维、目标和计划转化为财富的力量？本章的目的是帮助你回答这些问题。我的目标是帮助你获得你想要的任何形式的财富，但是第一步是你必须采取行动！如果你开始行动，并且很认真地对待这个问题，我将提供一些建议，这些建议可以帮助你获得财富。

1909年年底，我坐在一辆停在弗吉尼亚州迈尔堡的汽车里，看着莱特兄弟试图让飞机飞离地面，但没有成功。

一位老人坐在汽车的踏脚板上，看着他们试图把机器升到空中。这个老人脸上带着怀疑的神情，转过身来对我说："他们不可能让那东西飞起来。"但莱特兄弟拥有创造"翅膀"和使其飞翔的创新。

二十世纪早期，一位年轻的机械师和他的妻子正忙于研制一种他们所关心的"装置"。它由一根粗制的管子组成，管子里装有一个活塞，活塞在曲轴上来回移动。妻子在厨房水槽边干活，一滴一滴地往那根管子里倒汽油，而丈夫则一只手上下拨动活塞，另一只手按下一个按钮，电火花射入管子的压缩空气中。他们一小时又一小时地工作，没有结果。然后，气体爆炸了，爆炸的力量把活塞向外推了出去。请注意，这个简单的装置，现在直接和间接地为600万人提供了就业。目前，工业界正在狂热地制造一些材料，这些材料将用来保卫这个国家，以抵御潜在力量的威胁，这种力量有可能摧毁建立这个行业的创新致胜思维。

创立汽车公司的"天才"福特先生，他拥有别人没有的能力吗？你可以把这一切归结为一件事，即创新致胜思维。但是，福特先生的这种能力并不比存在于数百万人的头脑中的能力突出。不同的只是他发现了自己的力量并付诸实践，而其他人却没有。

福特先生不仅发现他可以用一个制造简单的汽油发动机来转动一辆四轮马车的轮子。他还一直在运用他的创新致胜思维，对他的原始汽车进行一次又一次的改进，直到今天，他头脑中的现代产品几乎是一个机器所能达到的完美程度。

每一个村庄、城镇和城市，都有一个可能失业的福特先生。也许他在抱怨没有机会取得成功。成百上千万这样的人没有意识到他们身上带着成功的种子，如果种子发芽并通过行动来滋养的话，就会产生和福特先生一样伟大的财富。

如何唤醒这些沉睡的灵魂？什么样的激励力量可以应用到他们的头脑中，让他们去寻找创新致胜思维的种子，这是所有个人成功的起点和终点吗？

这个国家现在需要有创新致胜思维，因为它以前从未需要过。表达个人主观能动性的机会从来没有像现在这样多。这个国家有足够的肌肉发达者和体力劳动者，但它正在遭受着人才短缺的困境！而这一短缺的悲剧在于，正是脑力工作者为那些只用卖力气的人创造了工作机会。

今天，没有任何正当的理由让处于高中或以上年龄的年轻人无所事事。然而，千百万这一年龄的年轻人却没有为自己创造未来且采取行动，尽管他们知道，或者应该非常清楚，今天的领导能力就是他们明天的财富。

不久前，我打电话给一位男秘书。据商学院和高中的报告显示，这种工作男性毕业生的缺口很大。经询问，我发现这种短缺是全国性的。男性速记员已经成为过去，但是，在所有行业中都没有一个职位可以像秘书一样为年轻人提供自我晋升的机会。自从秘书成为管理者的实习生以来，他就有机会在训练有素的"实践经验大学"上学，并获得丰厚的特权待遇。

当你听到有人问，这一代年轻人怎么样，当他们出去找工作时会发生什么的时候，我感觉像是在屋顶上大喊，这些问题的答案就在年轻人自己的心里。那些发现自己处于休眠状态的创新致胜思维并将其付诸实践的人，将为自己创造就业机会，就像在他们之前的其他人所做的那样。其他的年轻人将会在机会丰富的情况下，沿着尘土飞扬的道路走向失败。

有两件事对于创新致胜思维的掌握和运用至关重要。一件是工作的意愿，另一件是明确的动机，这足以充分激励一个人以正确的心态去"多走1公里"。

你可以搜索一下，但你肯定找不到任何东西来代替这两件事。工作的意愿和动机本身并不是持久成功的充分保证。

当我们深入研究像福特先生这样的人的成就时，我们会发现一个有趣的故事。他的成就、他的工作有明确的动机。他会"多走1公里"，也许还增加了额外的里程。但是，对于他和整个世界来说，幸运的是，他在前进，而不是倒退。福特先生没像一些自私的军事征服者那样，利用自己的想象力掠夺世界，而是用它推动他所生活的时代去进步。

任何人只要掌握了这种哲学并学会运用它，就会拥有比其他人更能安全驾驭的力量，只要他像福特先生那样，在运用这种力量时朝建设性服务的方向扬帆前进。

在我即将结束这一章时，我想提出一个建议，该建议对所有认识到它的价值并据此采取行动的人来说具有丰富的可能性。这个建议不需要花费太多的时间和精力就能实现。我建议你在读完本章后将其搁置一旁，并对自己进行复盘。

逃到一个安静的地方，在那里保证1个小时的时间不会被打扰，与自己进行一次对话，这也许是你从未有过的经历。

首先，找出你最喜欢做的事情。然后制订计划开始做这件事，从你现在所处的位置开始执行你的计划。

其次，要永远记住，你从生活中得到的一切都取决于你通过某种形式的有益服务对生活产生了贡献。也许你曾经有一些有用的计划或想法，但你什么也没做。现在，把它们列在纸上，一一执行。

在华莱士的《本·胡尔》（Ben-Hur）故事中描述了一个场景，很适合作为本章的结尾。故事发生地是古城安提阿，当时罗马帝国正处于鼎盛时期。

有钱又闲的人都聚集在一起进行战车比赛。一个富人想让他的马获胜，为自己赢得荣耀，于是他把他的奴隶们召集在一起，从这群人中挑选了一个奴隶当骑手，并承诺如果他赢得了比赛，他就会赢得自由。

比赛开始了。在竞技场周围，车手们使劲鞭打马匹，用尽他们所有的力气，但其中一个车手从一开始就领先了，而且从未被超越。他一只手牵着缰绳，另一只手拿着鞭子，他用鞭子驱赶着冲锋的骏马。

他强大的手臂像铁绳一样突出！有人在看台上大喊："你从哪里得到那样的手臂的？"车手大喊："在厨房的桨上！"他就是那个被许诺获得胜利就可以获得自由的奴隶。

他有一个动机，而且是伟大的动机，这就是他疯狂地赶着主人的马走向胜利的力量。这个动机是他对自由的渴望。

后来，强大的罗马帝国走向衰落。辉煌的安提阿城几乎被人遗忘，但人们仍在为个人自由而战。现在的人不像古人那样依赖强壮的肌肉。文明使我们认识到一种更强大的力量。它就是创新致胜思维的力量，它的源泉是头脑，而不是肌肉。

带着这种想法，我把这一章留给你。我衷心希望你在将其搁置一旁之前，先对自己的想法进行复盘，并从中找出创新致胜思维的种子和通过使用创新致胜思维来影响其发展的适当动机。

损失金钱是令人不快的。对自己失去信心对于成功是致命的。

人类所有的智慧和天才结合在一起，也无法构想出反对思维自由的论据。

三思而后行。

第二章

有条理的思想

章节 概述

　　本章最后介绍了安德鲁·卡内基对于有条理的思想的分析，首先提及这部分的原因是必须分析构成思想的每个因素的完整视角。本章的第一部分阐述了我从卡内基和我采访过的其他人那里学到的关于有条理的思想的知识。

　　本章前半部分的分析包括3幅图，其中列出了影响有条理的思想的各个因素。这是我第一次尝试用一个完整的图，以清晰的视角呈现出头脑的所有区域、头脑活动的所有思想刺激的来源，以及头脑各区域的大致关系和重要性。

　　图2-1是整章的关键，在尝试阅读本章其余部分之前，请仔细研究这幅图。实际上，如果将图放大到至少18英寸（1英寸=2.54厘米）见方的纸上，并放在你每天可以看到的地方，将会对你产生帮助。图的说明性关键字（显示在与其相对的页面上）也应以较大的字体复制。

　　不要因为这幅图看起来很复杂而感到头疼，因为当你阅读完整章的时候，你会意识到所有的头脑区域都是如此聪明地协调一致，它们和谐地运作着，并且比在现代电话上拨打一个号码所需的细节要少。

　　图2-2列出了达到一个人明确的主要目标所需要执行的步骤。仔细研究它，因为它对取得成功至关重要。

图2-3解释了思想的形成方式。图2-3中描述的所有因素都运行得如此平稳，以至于它们可以自动执行其部分职责，并且可以通过使用意志力的简单过程使整个系统投入运行。

请你注意这幅图上显示的两个重要因素：意志力和情感。如果你要成为一个有条理的思想者，这是你必须控制的两个头脑区域。在每个头脑中，情感和意志的力量之间存在着永恒的冲突，而对于绝大多数人而言，情感能够更好地解决冲突。当我们说"世界由人的情感所控制"时，这不只是说说而已。

现在，本章的任务是使你能够逆转这一规则，以便情绪可以受到意志力的控制。

本章从许多角度介绍了使意志力成为其他头脑区域真正的"主宰"的方法。卡内基从一位务实的商业领袖的角度来探讨了这一课题，但是从他的分析中可以清楚地看出，他将意志力放在决定一个人成功或失败的重要因素清单的首位。

通过学习本章，你将更好地理解被称为思想力量的奥秘之谜。

毫不夸张地说，如果你精通本章，你将拥有一种足以解决几乎所有生活问题的哲学。正确的思想是人类所有成就的基础。在这一章中，我对进入正确的思想的每一个主要因素都做了清晰的描述。因此，如果你一开始读不懂这一章，不要灰心。

现在就如何阅读本章讲几句话。在阅读时，请注意本章的主要目的是激发思想。用铅笔标记你希望强调的每一行。慢慢阅读，并确保在你阅读完每句话后都已理解了。此外，最重要的是，在阅读时要进行思考。完成本章后，将其搁置几天，然后重新拿起来并再次阅读，二次阅读后对于本章的理解会变得更加清晰。

最后，请记住，这些页面中未介绍本章的重要部分。那就是你自己的头脑中存在的部分，包括你的经验、能力、教育程度和思想习惯。将这些添加到本章出现的内容中，你将以无法估量的比例丰富自己的思想。

本章的目的是通过描述这些功能是如何被控制和引导到明确的目标，从而了解你头脑的功能。希望通过阅读这一章，你将能够掌控自己的思想，并有效地利用它来管理你的生活，使你获得最大的利益。

如果有人阅读了这一章，却没有体验到自信、意志力和对生活机遇的热情的明显增强，我会感到惊讶的。这一章教给所有人的经验是，注意到整个"心理状态"的改变，这种改变实际上消除了恐惧、怀疑、犹豫不决和无所作为。这一章的效果应该是重塑读者思想，并通过该过程，发现自我——一个人不知道自己拥有的自我。

是的，每个人都有"另一个自我"。每个人的身上都有一种双重性格，心理学家和精神科医生会证明这一点。一种性格是消极的，它在自我限制、恐惧、怀疑和忧虑中茁壮成长；另一种性格是积极的，它依赖于信念、勇气、对自我的坚定信念、主动性、热情和获胜的意志。

所以，请你和我一起共同努力，把你和生活中美好事物之间的消极性格消灭掉。我们可以通过滋养和鼓励积极的"自我"来实现这一目标。

一位伟大的哲学家曾说过，"思想吸引一切"，思想是一个人能够完全控制的少数事物之一，这一点很重要。

思想"使人的整个身体磁化"，并吸引外在的、和谐的物质。本章的重点是展示思想的力量并将其指向明确的主要目标。

本章用3幅图概述了头脑的机制，以及启动头脑活动的所有思想刺激来源。

如图2-1所示，这里展示了有条理的思想和表达思想以达到明确的主要目标所必须采取的路线。请注意，出发点是渴望，基于激发行动的9个基本动机中的1个或多个。保持渴望所需的刺激是由一些已知的个人成功原则的组合提供的。

如图2-2所示，这里展示了为了达到明确的主要目标而必须采取的3个步骤，以及在有效运用有条理的思想时必须结合和应用的原则。

如图2-3所示，这里展示了构成思想机制的10个因素，展示了思想刺激的来源。注意，潜意识与意识的各个方面都有联系，它的力量来源是无限智慧。此外，记忆、5种感官和情感都需要持续的自律，没有严格的自律，它们是靠不住的。它们需要高度有组织的注意力来控制它们。这种控制是通过行使意志力，自愿接受而获得的。

通过将17个成功原则结合而实现成功

1. 有明确的目标
2. 智囊团
3. 迷人的个性
4. 践行信念
5. 多走1公里
6. 有组织的努力
7. 黄金法则的应用
8. 灵感来源
9. 自律
10. 有条理的思想
11. 控制注意力
12. 富有合作精神
13. 思维自由
14. 正确对待失败
15. 创新致胜思维
16. 保持身心健康
17. 合理安排时间和金钱

渴望是基于以下各项的结合来取得成功的出发点

9种基本动机

1. 爱情
2. 性
3. 渴望健康
4. 渴望自我保护
5. 渴望身心自由
6. 渴望个性表达和名声
7. 渴望永生
8. 渴望复仇
9. 情感恐惧：基于7种基本恐惧——害怕贫穷、批评、失去健康、失去爱、年老、失去自由、死亡

人生终点的主要目标

图 2-1　达到明确的主要目标所必须采取的路线

此图显示了为达到明确的主要目标时应用有条理的思想的顺序。

明确的主要目标（第1步）

可以通过以下列出的因素（按此处显示的顺序）实现，根据此图进行操作本身就是一种有效的有条理的思想的形式。

不要忘记，你的目标应该建立在明确的动机或9个基本动机的某种结合之上。

制订一个合理的计划（第2步）

制订了合理的计划，成功自然就来了。因此，在制订计划时应向他人寻求帮助。

智囊团组建一个有经验的智囊团联盟（第3步）

选择你的"智囊团"盟友，以便获得执行计划所需的经验和知识。

在进行有组织的思考时，必须遵循以下原则

1. 有条理的思想　2. 践行信念　3. 有组织的努力
4. 创新致胜思维　5. 自律　6. 多走1公里　7. 迷人的个性

仔细学习获得成功所必须采取的3个重要步骤，基于：
（1）明确的主要目标；
（2）制订一个合理的计划；
（3）组建一个有经验的智囊团联盟。

图2-2　达到明确的主要目标而必须采取的步骤

此图展现了构成思想机制的10个因素。请注意，潜意识可以进入头脑的所有区域，但不受任何区域的控制。

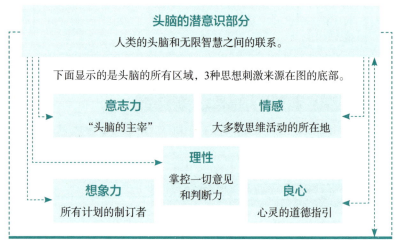

无限智慧

它是一切思想力量的来源，是一切事实和知识的来源，只存在于潜意识中。

头脑的潜意识部分

人类的头脑和无限智慧之间的联系。

下面显示的是头脑的所有区域，3种思想刺激来源在图的底部。

意志力
"头脑的主宰"

情感
大多数思维活动的所在地

理性
掌控一切意见和判断力

想象力
所有计划的制订者

良心
心灵的道德指引

下面列出了3种最需要自律的思维来源。

直觉	5种感官	记忆
"第六感"的来源	1. 形　2. 声　3. 闻 4. 味　5. 触 只有通过严格的自律，这些才能变得可靠。	所有思想和感官印象的"储藏室"。头脑的"文件柜"。

图 2-3　思维机制的 10 个因素

图2-3的关键要点

（1）无限智慧：一切思想力量的源泉，只能通过潜意识获得。请注意，这幅图显示出头脑的所有区域完全被无限智慧所包围。

（2）潜意识：头脑和无限智慧之间的连接。不受自我约束，但可以通过本章所述的方法刺激潜意识。

（3）意志力：是思想各方面的主宰，具有修正、改变或平衡所有精神状态的能力。

（4）理性：在允许的情况下可对一切思想、计划和愿望做出判决的"主审法官"。但是，它的决定可以被意志的力量搁置，或者当意志力没有表现出来的时候，理性会被情绪的影响抵消。

（5）情感：是头脑大多数行为的所在地，是头脑释放的大部分思想的来源，如果不被理性所修正，在意志力的指引下，可能会非常危险。

（6）想象力：所有计划、想法以及达到预期目标的方法和手段的制造者。需要自律和不间断的意志力的指导，要避免其夸大其词。

（7）良心：头脑的道德引导，其主要功能是修正个人的目标和目的，使之与道德法律协调一致。

（8）直觉：根据潜意识信息做出决定的"第六感"。

（9）5种感官：头脑与外界接触并获取信息的物理"手臂"。感觉不可靠，需要不断的约束。在任何形式的丰富的情感活动下，感觉都会变得混乱和高度独立，例如在恐惧的情况下。

（10）记忆：头脑的"文件柜"，储存着所有的思想冲动、经历和通过5种感官到达头脑的所有感觉。记忆也不可靠，需要自我约束才能得到有效利用。

有关应有的特质的一些已知事实

（1）所有的思想（无论是积极的还是消极的，好的还是坏的，准确的还是不准确的）都倾向于披上它自身的"外衣"，通过完美的逻辑和自然的媒介，激发一个人的想法、计划，达到预期目标。当对某一特定主题的思考成为一种习惯后，它就会被潜意识控制，并通过最有效的媒介自动地付诸行动。一切都是思考的工具。

"思想吸引一切"这一说法也许不完全正确，但思想创造事物这一说法是正确的，而且思想创造出来的事物都是思想的惊人复刻。

（2）通过自律的应用，思想可以被影响、控制和引导，通过发展自律习惯，进而实现一个想要达成的目标。

（3）思想在潜意识的帮助下，其力量控制着身体的每个细胞，鼓励细胞修复，刺激它们的生长，影响身体的所有器官，帮助它们有序地发挥功能，并通过"身体抵抗力"战胜疾病。这些功能是自动执行的，但它们会受到自律习惯的刺激。

（4）人的一切成就都是以思想的形式开始的，都是以计划、目标和目的来组织的，都是以行动来表达的。所有的行动都是由9种基本动机中的一种或多种动机激发的，如图2-1所示。

（5）头脑有两个部分处理思想，有意识的和潜意识的。有意识的部分，通过头脑的5个区域运作，受人的控制；潜意识部分受无限智慧的控制。如图2-3所示，第六感受潜意识的控制，自动发挥作用。

（6）头脑的潜意识的部分和有意识的部分都会对习惯做出反应，根据个人可能形成的习惯进行自我调整，无论这些习惯是自愿的还是非自愿的。习惯一旦形成，头脑就会自动地去执行，除非有其他更强的习惯来改变它。

（7）头脑所产生的大多数想法不一定是准确的，它们建立在个人观点、偏见、恐惧以及激动的情绪刺激下，而在这种激动的情绪中，理性几乎没有能力修正它们。5种感官是如此的不值得信任，以至于它们很容易被欺骗，特别是当它们在没有理性平衡影响的情绪刺激下运作时，例如恐惧、爱、性及任何其他情绪，事实上这些情绪都可以影响它们。

（8）正确思考的第一步是把事实同迹象或传闻区别开来。

（9）第二步是将事实（在确定为事实之后）分成两类，即重要的和不重要的。重要的事实可以用来帮助人们达到其主要目标，而所有其他事实都相对不重要。普通人一生都在基于不可靠的信息来源来处理"推论"，很少有人提出遵循事实的自律形式。此外，普通人一生都没有学会区分"重要"和"不重要"的事实之间的差异，这可能是世界上失败多于胜利的原因。这是评估的问题——将重要的事实放在第一位。

（10）基于明确动机的渴望，这是所有与个人成功相关的自愿思想和行动的出发点。强烈的渴望的存在往往会激发想象力，从而创造出实现渴望的途径和方法。如果这种渴望通过反复思考而持续地存在于头脑中，它就会被头脑的潜意识部分发现，并通过最实用的方法自动地实现其逻辑。

（11）刺激思想的已知来源包括：

① 5种感官（非常不可靠）。

② 记忆（也是不可靠的）。

③ 潜意识。无限智慧的影响可以激发潜意识。许多人认为，这是刺激那些被认为是"天才"的人的思想根源，这种假设是通过自我约束和实践发展出来的，可以有效使用其潜意识的能力的人，可以利用无限智慧的力量来实现自己的目标和目的。

④ 情感是所有渴望的所在地。基于主要情绪的所有思想刺激都来源于此，由于这些情绪会自动地表达出来，因此有必要通过自律来控制它们。这是大多数思想刺激产生的来源，这一事实也解释了情感"统治"世界的说法。

⑤ 意志力是所有其他思想区域的主宰。虽然这种能力是头脑的主宰，但之所以最后提到它，是因为它被大多数人使用得最少。到目前为止，大部分观点认为普通人的刺激来自情感，理性和意志力都不是产生于这些思想的源头，一个错误导致这么多错误的判断，大多数人都是有责任的。

据我们所知，这5种来源是刺激思想的唯一来源。仔细研究它们（见图2-3），把你必须处理的因素，在你的脑海中建立一个清晰的画面，以获得掌控你的思想的能力。在你理解这幅图之前，你应该经常查阅它，因为它是所有思考的工作"设备"的实际呈现，这幅图不是随便看一眼就能掌握的。

从观察无限智慧——所有思想力量的源泉，开始研究这几幅图。另外，请注意，没有任何一种思想与无限智慧有直接的联系，但是所有的头脑区域都可以通过潜意识来接触它。

你会注意到，头脑的前5个区域，即意志力、理性、情感、想象力和良心分别与头脑的潜意识部分联系在一起，而且，它们彼此也有直接连接。

图2-3底部的3个思想刺激来源（直觉、5种感官和记忆）已经与头脑的其他区域分开，因为它们是受意志力控制最少的3个思想刺激来源。因此，它们需要通过严格的自律来给予特别的控制。

思想的3种能力（理性、想象力和良心）在思考过程中发挥着确定的功能，但显然没有来自这些方面的思维刺激。这3个区域在将思想提交给它们后都会对其进行修改，但它们并非源自思想。理性将所有思想与过去的经历（从记忆中回忆出来）进行比较，形成所有的判断和观点。想象力能够将一个人的思想塑造成各种想法、计划以及实现预期目标的方式方法。良心为所有思想提供道德指导。如果一直咨询，那么在人们就行动表达思想之前，这3种思想能力将变得强大而可靠。如果不征求它们的意见，养成思想控制行动而不加以改变的习惯，它们就会萎缩，变得毫无用处。

思想的所有能力都可以被开发出来并变得可靠，就像人们可以发展强壮的手臂一样，通过系统地使用，通过有条理的思想。根据此处概述的说明，除可以系统使用的计划外，你没有其他方法可以对头脑进行控制。

如果你在第一次阅读本章时没有完全掌握思维运作计划，不要灰心。

要画出一幅能让人一目了然的头脑活动导图，并不是一件容易的事。通读这一章，然后把它放在一边，认真思考，不时地回看这3幅图来更新你的记忆。如果你读了十几遍之后，能掌握这一章，你就很幸运了。然而，请记住，你所花费的所有时间都是合理的，因为你在这里是在与影响你生活的最重要的力量打交道——正确的思考。

让我在这里介绍另一个在有条理的思想中非常重要的因素，一个在任何图中都没有包含的因素。它是获得必要的自律的重要途径，即你必须足够相信。例如，当你确定了一个明确的主要目标时，你必须将所有的情感集中在那个目标上，本着绝对相信能实现它的精神。

把你的日常口号变成：我相信自己能做到！通过一种人们不熟悉的奇怪的力量，潜意识直接或间接地作用于那些建立在绝对信仰基础上的思想，并通过可获得的、实际的、自然的媒介把这些思想付诸实践。

所有伟大的领袖都是有能力的信徒！成功有某些基本要求，其中一个是必须相信自己能够成功。还有一些其他要求，例如：

（1）信仰无限智慧。

（2）相信自己。

（3）相信自己选择的伙伴。

（4）坚持相信正确的事，不随波逐流。

（5）相信已证实的科学定律和事实。

（6）相信头脑的力量，将自己与无限智慧联系起来，不要抗拒。

相信这6个主题是成功的基本要求。接受它们，不要停止，直到你发自内心地相信它们。

这看起来似乎很奇怪，人类拥有的最大力量是无形的力量，其本质或来源都令人无法理解。它是人类唯一不可抗拒的力量，只有一种方法可以将其用于日常生活中。

这种力量给了我们在现代生活中所享受的好的东西。它建立了庞大的铁路系统，它创造了无数有用的发明；它征服了天空和海洋；它给了我们与地球上几乎所有地方即时通信的能力；它给了我们文明所知的极高的生活标准。

用一句话说，这是"相信的力量"，仅此而已。信念是一种简单、明显可证明的力量，并非人类所知的所有科学知识都能应付这种无形的权利形式。它使最精明的人的思想产生困惑，并无视分析。它与逻辑或情理没有任何共同点，并且可以任意地推翻两者。它本身就是一条法律，这种权利的最奇怪的特征是，最基层的人可以像受过高等的教育和拥有名望的人一样拥有和使用它。

乔治·华盛顿相信他的少数几名士兵可以打败一支强大的精锐军队，然后他们做到了，尽管乔治·华盛顿的成就一直是令人困惑的军事胜利之一。

爱迪生先生声称他可以利用电能并发明白炽灯。他坚持自己的信念，经历了一万多次的失败，直到自己的信念被证明是正确的，尽管在他之前的其他人也曾试图达到同样的结果，但都失败了——也许是因为他们缺乏坚定的信念。

詹姆斯·J. 希尔相信他可以通过一条横贯大陆的铁路把美国东部和西部连接起来。尽管他曾经只是一个卑微的电报员，没有钱，也没有有影响力的朋友，但他把他的信念变成了辉煌的现实。

莱特兄弟相信他们可以制造出一种能让人安全穿越天空的机器，并在经历了多次令人心碎的失败后，坚定不移地保持这一信念，直到最后，他们再次证明，即使是万有引力定律也无法与人类信念的力量相匹敌。

一位名叫米洛·C. 琼斯（Milo C. Jones）的普通农民瘫痪了，医生告诉他，他再也不能走路了。幸运的是，他们没有告诉他，他再也不能使用自己的头脑了，因此他通过控制自己的头脑，开始指挥他的家人，并成功通过坚持一个简单想法的信念挣了一百多万美元。这个想法被称为"小猪香肠"。

追溯人类的历史，无论你想去哪里，只要你愿意去追溯，你就会发现那些强壮的人、伟大的人、成功的人都是那些相信某些东西的人。

世界属于有信念的人！它一直都是，也将永远属于这些人。因此，在组织你的思想力量时，一定要在你的计划中包含一个明确的信念，即你希望实现的事情。你的信念应该是积极的。相信某件事，而不是反对某件事，记住这种信念是具有感染力的。相信一件事往往会因为相信而打开门路，而不相信以同样的方式起作用。

除非你相信自己有成为并保持自我决定的能力，否则任何人都不能超越平庸。刚刚发现这种思想的学生，通过有条理的思想来掌控自己的思想。

确实，通过适当地组织头脑区域自律的思想可能会"永远摆脱一切形式的恐惧和冲突"。精神错乱的人永远无法自由。有条理的思想必须从盘点思考的因素开始，如图2-3所示。这些因素必须通过自律和有组织的努力引导到明确的主要目标。思想只有通过行动才能得到发展。除非在信念产生之后采取适合其性质和目的的某种行动，否则它将毫无用处。被动的产生信念不会产生任何好的结果，除了失败。

一个人可能会失去他所有的财产，包括健康。他可能被欺骗、被诽谤，也可能被不公正地关进监狱，被剥夺人身自由，但他仍然可以不经任何人同意，掌控自己的思想，使用自己的精神力量。

人类能够完全控制的唯一一件事，却是大多数人最不愿意去尝试控制的一件事，这是多么自相矛盾啊！当一个人认识到一个事实，即有条理的思想的力量提供了解决所有问题的办法，而其他任何东西都无法起到相同作用时，这种不一致性就变得更加令人震惊。

在你选择的生活环境中测试此论述，并观察其准确性。无论人有什么愿望，只要他能够组织自己的思想并以一种相信自己具有能够满足其需要的能力的精神来运用自己的思想，他就可以借助自己的思想来达成愿望。思想本着信念的精神，打开了"监狱"的大门，给了人们自由。它可以增强身体抵抗力，使人们摆脱无法治愈的疾病；它以富裕取代了贫穷；它消除了恐惧、忧虑和沮丧，并使人们充满希望，获得信仰和内心的平静。而且，它可以以闪电般的速度行动，只需要坚定的意志力使其付诸行动即可。

有条理的思想一般说明

准确的思考基于两个重要的基础，即

（1）归纳推理，基于未知事实的假设或事实的假设。
（2）演绎推理，基于已知事实或被认为是事实的信息。

正如我之前所说的，准确思考需要两个主要步骤。第一步，必须将事实同迹象或传闻区分开来。第二步，必须把事实分为两类：重要的和不重要的。一个重要的事实必须拥有一个特质，即可以用来实现目标和达到目的。

作为大多数所谓思想的基础的观点通常是不可靠的，而且往往是非常危险的，因为它们常常基于偏见、成见、猜测、传闻或彻底的愚昧。所有想要学习如何正确思考的人都应该知道以下关于观点的事实：

（1）除非基于已知事实或对正确计划的信念，否则不能完全依赖任何观点，并且在无法保证该观点是基于事实的情况下，任何人无权对主题发表意见。观点是世界上最自由的事物，其中大多数没什么价值。

（2）由朋友、亲戚和偶然相识者自愿提供的免费建议通常不值得考虑，在被接受为可靠的思想指导之前，应仔细检验。

（3）明智的思想家不允许任何人替他们思考。他们确定他们想要的事实的来源，并明智地利用这些来源作为指导。

（4）散布丑闻者和爱闲聊的人不是获取任何事实的可靠来源，但他们对大多数人的生活产生了巨大影响。

（5）愿望往往是思想之父，许多人有一个坏习惯，假定事实与他们的愿望是一致的。为了你自己的利益，仔细观察这个常见的人性弱点。

（6）一般的信息是丰富的，而且大部分是免费的，但是事实有一个难以捉摸的习惯，通常需要付出代价。检验它们以确保准确性是一项艰苦的劳动。

在将事实与单纯的信息或推断区分时，需要进行一些严格的测试

仔细检查你在书中所阅读到的所有内容，无论是谁撰写的，在不思考以下问题并确保答案正确无误之前，切忌认为任何作家的结论是完全正确的：

（1）作者在写作的主题上是否拥有公认的权威？

（2）除了提供准确的信息以外，作者还有别的目的或自私的动

机吗？

（3）作者是一个职业组织公众舆论活动的有偿宣传人员吗？如果是的话，请特别谨慎地权衡其结论。

（4）作者在写作的主题上是否存在利益或其他个人利益？如果是这样，请在接受他的结论时对此予以考虑。

（5）作家是一个有判断力的人，而不是对写作主题的狂热追随者吗？狂热追随者倾向于在陈述事实时夸大其词，并对事实加以润色，以便传达误导性的印象。

（6）是否存在检查和验证作者陈述的合理性的可访问来源？如果是这样，请在接受他的结论之前咨询这些人。

（7）确定作者在真实性和准确性方面的声誉。一些作家对真理不大在意。半真半假的内容常常是最危险的真理。

（8）要谨慎处理那些习惯于让自己的想象力过分活跃的人的陈述。这样的人被称为"激进分子"，如果依靠他们的结论可能会产生误导。

（9）无论谁试图影响你，都要学会谨慎，并运用自己的判断力。如果某个观点与你自己的推理不符（并且你应该训练自己的理解力使其清楚地发挥作用），或者该观点与你自己的经验不符，请在接受之前将其搁置以待进一步检查。谎言以一种古怪的方式存在，它带有一些警告音，如果是通过口头表达出来的话，可能是一个人的语调，或者是一个人脸上的表情。训练自己这方面的能力以识别此类警告并加以修正。

（10）在向他人寻求事实时，不要向他人透露你希望找到的事实，因为许多人习惯于取悦他人，为了做到这一点而夸大或捏造事实，这是一种坏习惯。

（11）科学是对事实进行组织和分类的艺术。当你希望证实要处理的事实时，请尽可能寻求科学依据进行检验。科学通常既没有动机也不出自基于任何目的修改或改变事实的倾向。

（12）你的情绪并不总是可靠的，通常它们会影响你做出不顾事实的决定。在被你的情绪过分影响之前，给你的推理能力（你的头脑）一个机会，对手头的事情做出判断，不管是什么事情。头脑总是比感情更可靠。凡是忘记这一点的人，都会为自己的疏忽后悔一辈子。

（13）这些都是健全思维的最常见的敌人，在做出决定之前，应该仔细研究它们：

① 爱和性的情感。这两种情感中的任何一种都很容易推翻事实，使理性变得毫无用处。别让它们这么做！

② 仇恨、愤怒、嫉妒、恐惧、复仇、贪婪、虚荣、自负、拖延，以及对某些东西的渴望，通常被称为"赌博本能"。这些情绪经常歪曲事实。

③ 无法控制的热情和想象力。密切注意这两点，他们可能是危险的，因为他们是自欺欺人的"工具"。

让你的心里永远存有一个问号。这并不是说你是一个什么都不相信的坚定的怀疑论者，而是说你是一个谨慎的人，希望自己的想法正确。质疑每件事，每一个人，直到你确信这是事实。安静地在你自己的头脑里做这件事就行，以避免被认为是一个怀疑论者。当别人说话时，你要做一个好的倾听者，同时也要做一个正确的思考者。

请记住，在你们生活的时代，传播、宣传已经成为一种高技能的职业。最危险的宣传形式是其来源或目的无法辨别的宣传形式。事实上，如果来源或目的很明显，企图施加影响就不是宣传，而是朴素的广告。

同时请记住，你已经被给予了3个重要的发现精准事实的区域，即：意志力、理性、良心。只有通过自律、训练和运用，头脑的这些区域才能变得强大和可靠。给它们一个机会，让它们把你希望接受的一切都转化为事实。不要养成依赖他人决定的习惯，如果你没有做到这一点，你可能永远不会成为一个正确的思考者。

在接受来自事实的3个方面的信息时要非常小心：5种感官、情感、记忆。这3个来源都是有缺陷的，它们在变得可靠之前需要最严格的自律。任何实践的心理学家都可以通过5种身体感觉来欺骗你，并且毫无疑问，你几乎每天都会通过这些感觉来欺骗自己。例如，如果你将任意一只手的第2根手指越过第1根手指，并在两个手指的尖端之间放置一个小物体，这样它就能接触到两个手指，你的触觉会欺骗你，因为它会记录两个物体而不是一个物体。当你将手指从惯用的位置移开并干扰它们的"习惯"时，它们就不再准确。类似地，所有感官都可能被欺骗。

同样，这些情感很容易被欺骗。例如，当一个人因发生紧急事件而受到恐惧情绪的刺激，该情绪将欺骗视觉、听觉、嗅觉或触觉——事实就这样毫无疑问地确立了。正是由于对情感或5种感官的错误印象，人们才会得妄想症（患有虚构疾病的人）。在这种情况下，通常只能由精神科医生或精通暗示疗法的医生来治疗。

本节讨论旨在向你建议，在接受别人提供的信息时应谨慎，但在接受你自己收到的信息时应更加谨慎。令人遗憾的是，有很多人因为自己的头脑欺骗自己而陷入了失败。"玩弄自己"的艺术是十分危险的。

头脑是一个奇怪的机制。它取决于思想的冲动，无论它们是破坏性的还是建设性的，准确的还是不准确的，可以通过以下事实证明这一点：治愈的历史充斥着那些思维错误已经产生了疾病的生理症状的人，实际上，除了思维之外，没有其他疾病的依据。

如果一个人的主导思想是建立在对贫穷的信息认知基础之上，那么潜意识就会继续执行这一思想，得出相应的结论。当一个人的主导思想是富足时，他的头脑也会以同样的方式工作。掌控你自己的思想，强迫它接受你自己选择的思想，自己就会成为自己命运的主人。

思维习惯是社会和自然遗传的结果

如果没有简要描述影响每个人的两个重要的自然法则，那么本章将是不完整的。这两个自然法一种被称为社会遗传定律，另一种被称为自然遗传定律。

自然遗传定律：一个人的所有生理特征都来自遗传，这些遗传特征由几代祖先传承下来的遗传特征组成。这项定律为我们提供了一个永久性的财产，并且就身体而言是固定的，我们无法改变这份财产的遗传因素。然而，创造者为人类提供了一种手段，即人们可以通过自己的思维方式，在一定程度上克服、指导、控制、修改和继承这种遗传，以服务于个人。

社会遗传定律：用最简单的术语来说，社会遗传包括环境影响、教育、经验和外部刺激产生的思维冲动，特别是那些通过以下来源接受的：

（1）教育培训。

（2）政治和经济培训。

（3）任何性质的社会交往。

（4）父母传授给孩子的传统知识。

（5）商业、专业及职业习惯和影响。

这是影响思维的六大因素，我们必须清楚地了解我们为什么要这样思考。通过社会遗传定律的运作，大多数人获得了他们的思想、信仰、观点和思维习惯。如果我们要成为正确的思考者，我们必须理解这一点。我们必须认识到，我们所表达的个人信仰中的大多数，不过是那些离我们最近的人的信仰或假装信仰的反映。这是如此的真实，任何一个心理学家都可以通过研究他们的日常伙伴，对大多数人做出出人意料的准确分析，正如人们所知道的那样，大多数人会吸收与他们密切相关的人的思维习惯。

如果说有一种悲剧比其他任何悲剧都更能使一个人陷入困境，那就是他在出生时就被剥夺了拥有自己的思想并以自己的方式使用自己的思维的权利。人被这样创造出来，以至于他只能控制一件事，而这件事就是掌控自己思想的权利，利用社会遗传定律剥夺人们独立思考的权利的想法纯粹是一种人为的想法，是文明所知的对自然法悲惨的滥用之一。

在美国，公立学校在每个学校社区都受到当地公民的控制，而且可以说，在大多数情况下，董事会的男女成员、学校主管、校长和教师的品格是正直的。通过学校教育，年轻人知道要尊重国家的国旗，但这是强加给所有学校的年轻人的唯一观念，甚至不是强迫他们这样做的。这是通过允许他们运用自己的理性的方法教给他们的。

在美国，思想灵感的所有主要来源，如报纸、广播电台、学校课程和书籍，都是这样管理的，每个人都可以接受或拒绝通过这些来源传递的任何思想。

尽管我们的制度具有鼓励独立思考的优势，但事实仍然是，我们大多数人都忽略了自己思考的权利，并在很大程度上成为错误思维的受害者。这在很大程度上是由于对社会遗传定律缺乏了解。尽管我们公立学校系统具有众多优势，但它未能使年轻人对合理思考的过程有清晰的了解，并且对他们的社会遗传定律影响或启发性媒体的影响知之甚少。这种明显的弱点使我似乎有必要将社会遗传定律解释为个人成功哲学的重要组成部分，因为如果没有对自己思想来源的清楚理解，任何人都无法自我决定。

我们如何通过社会遗传的影响获得"意见"

大多数"意见"不仅毫无价值，而且如果没有建立在合理的前提下，它们是非常危险的！让我们来看看许多观点的来源。

大多数政治联盟都是建立在年轻时与亲戚朋友交往的印象基础上的。已故的鲍勃·泰勒（田纳西州前任州长）曾经以一种戏剧性的方式向一个年轻人介绍了他的政治观点。"为什么？"泰勒州长问道，"你是一个坚定的民主党人吗？"年轻人回答说："我是民主党人，因为我住在田纳西州，我的父亲和祖父都是民主党人。这就是原因！""好吧，"州长诙谐地笑着说，"如果你的祖父和你的父亲是偷马贼，你会不会也偷马呢？"

支持美国两个主要政党中的任何一个的人群中，是否有一个人能准确地描述两党之间的差异，这是令人怀疑的。但是，大多数人坚信，他们所属的政党是唯一值得其支持的政党。那些能够解释这两个政党之间分歧的人可能无法给出令人满意的理由，说明为什么他们支持自己选择的政党，也不会怀疑他们的联盟选择可能是基于他们从小就受到的影响的结果，而不是两党的相对优势的合理推理。

大多数人养成了接受与他们关系最密切的人的信仰的习惯，而不考虑他们信仰的可靠性。人们的信仰方式在亚历山大·蒲柏的四行诗中得到了恰当的定义，他描述了一个人如何发展犯罪倾向，即：

恶习这个魔鬼生得面目可憎，开始时人们只需看上她一眼就无比厌恶；然而地久天长，对她的脸蛋渐渐熟悉起来，于是我们先是容忍，接着怜惜，最后将她揽身入怀。

我们接受的任何想法都是如此。起初我们可能不接受这个想法，但是与它的紧密联系会逐渐影响我们去忍耐它，然后将其转化为我们自己的想法，最后常常会忘记它从何而来。

头脑会吸收它它反复提出的任何想法，不管这个想法是健全的还是不健全的，是对还是错。经验丰富的犯罪学家告诉我们，几乎所有养成坏习惯的年轻人都会这样做，因为这与其他给他们树立榜样的青年或成年人有着密切的联系。

例如，喝酒的习惯在禁酒令时期变得流行起来，当时从锁着的门后偷偷喝一杯被视为一种聪明的行为。在禁酒令之前，那些从未喝醉过的人养成了这个习惯，因为每个人都在这么做。

同样地，吸烟成了年轻人和成年人的全国性消遣活动。我们从来没有听说过有人不需要培养对香烟的品位就开始养成这种习惯，这清楚地表明，这种习惯不是天生喜欢香烟的结果，而是人们普遍倾向于模仿别人所做的事情的结果，这同样适用于思考和其他习惯。

在任何地方、任何时间、任何人，只要活在自己的生活中，思考自己的想法，养成自己的习惯，哪怕是最微小的尝试，都是最难得的经历！看看你最了解的人，仔细研究他们，并对这一点深信不疑。大多数人走着走着就接受了别人的想法，并按照他们的想法行事，就像羊群一个接一个地走在牧场的既定道路上一样。偶尔会有人离开人群，开辟自己的思路，养成自己的习惯，思考自己的想法，做自己，当你找到这样的人时，你看，你和一位思想家面对面。

在商业、职业、艺术、音乐和其他行业，我们发现大多数人都是跟在他们之前的人的后面，丝毫不想表现出独创性或是独立思考。例如，法律界很大程度上受先例的影响。他们如此依赖先例，以至于法官们根据之前的法官所做的决定发表意见，而这些意见就是判决的法律案件的是非曲直。医生们和律师们几乎都受到先例的约束，这两种说法受到了很多医生和律师的赞同。

那个说"我们认为有一半是不真实的"的人非常谦虚地陈述了事实。他很可能已经提高了这个比例，在某些情况下，他可能会说，我们相信的大部分都是不真实的，而不是大错特错。

难得的经历是找到一个不会犯错误的人，即认为某书中章节里的某些陈述是真实的，而且有人愿意接受书中的故事作为真理，完全是基于书籍的古老性！

很难找到一个对爱因斯坦的相对论没有什么"见解"的人，尽管如果你让他们中的大多数人解释相对论，他们根本无法解释出来。

大多数人的另一个弱点就是不相信！当莱特兄弟宣布他们已经制造了一台可以在空中飞行的机器，并要求报社记者们到他们的飞行场去亲眼看看时，报社的记者们非常怀疑并拒绝去飞行场。飞行机器的想法是新的，因此除了制造这台机器的两个人之外，没有人相信它。正如一位哲学家所说的，"考前轻视"是所有思维中的一个常见错误。

当马可尼宣布他可以不用电线通过以太传递信息时，他的亲戚们惊慌失措，让专家给他做了检查，认为他失去了理智。以前从来没有人用这种方式送信，因此这些伪思想家认为这是不可能的。每一个创造出全新事物的人都有类似的经历。

人们只是必须拥有"先例"来支配自己的思想。他们似乎从来没有想过要检查事实并获得第一手信息。只有少数人这样做了，例如托马斯·爱迪生、亨利·福特、亚历山大·格雷厄姆·贝尔以及其他人类进步的先驱。他们全部都是思想家。

受控的习惯是有条理的思想的基础

现在让我们把习惯和社会遗传这两个重要原则结合起来，看看它们会揭示什么。强迫每一个生物受其所处环境的支配性影响的规律是一种自然规律，很难改变。这个原则通过我们称之为"社会遗传"的东西起作用，这种影响来自社会关系，很难改变。但是，请记住，习惯是我们可以控制的。

那么，在这里，开始讲述有条理的思想的故事之前，我想用一个简单的术语来阐述任何一个会读书的孩子都能理解的道理。慢慢读，边读边思考，因为我在这里将分析几乎是最伟大的奇迹之一——创造性思维的奇迹。通过这种分析，人们可以将思维的冲动转化为物质上、经济上或精神上的对等物。如果说这一哲学中有一部分比其他任何部分都更深刻，那就是我现在要介绍的这一部分。因为我们在这里讨论的是人类成功背后的真正力量，那就是对人类许多苦难负有责任的权利（通过滥用），根据其运用方式带来成功或失败的权利。

既然我是用一个词来描述一种无形的力量，那么让我用一个众所周知的比喻来传达这幅图。我们假设，我们在拍摄思想力量的实物照片，用大脑作为相机的感光板，把受控的习惯作为镜头，通过它可以拍摄到任何想要的物体。

照相机的底片将记录通过镜头反射到它上面的任何物体。它不加选择，记录下投在它身上的一切，不管是好是坏。要想拍出清晰的画面，镜头必须对焦，要拍摄的物体必须受到适量的光线的照射，所有这些都取决于操作相机的人的技能。

因此，操作者通过控制习惯来工作。不是把照片记录在照相机的底片上，而是感光板表面的光和化学物质进行记录。但操作者确实选择了要拍摄的物体。他将增加曝光，以便给胶片表面提供适当的光线，然后他对焦，这样就能捕捉到被拍摄物体的适当细节。操作者所得到的画面将与他控制所有这些因素的技巧成正比，他也可以选择他拍摄的对象。

现在，让我将场景从相机转移到人脑，看看两者在操作方式上如何完美相像。个人选择自己希望在大脑细胞中记录的对象，大脑充当照相机的感光板，被选对象为明确的主要目标。他希望大脑为该目标的物体拍摄清晰的图像，对其进行记录，然后将其移交给他的潜意识以转化为其物理现实。因此，他通过控制习惯的原则着手将自己想要的东西的图片放在他的意识中。他每天通过控制习惯重新创建该图片，并像熟练的思想家一样认识到，必须给他适当的时间（通过反复进行），以便他在大脑中（绘制图片时所产生的思想冲动曝光）进行记录并且还必须伴有适当比例的"光线"（情感），从而使大脑能够清晰地理解思想。

在这个过程中，一个人有意识或无意识地使用大脑的机制，在大脑中描绘一个明确的目标，如图2-2所示。因此，让我们回过头来看看这幅图，追溯我们必须采取的步骤。

第1步：确定明确的主要目标。

第2步：为实现目标制订一个切实可行的计划。

第3步：与拥有丰富经验、教育水平高、技能高超和具有影响力的人组成智囊团。

第4步：立即采取行动落实制订的计划。

请注意，这4个步骤是任何人都可以轻易控制的，但是，除非这4个步骤都被采纳并且持续地按照它们的逻辑结论执行，否则什么也不会发生。这需要受控的习惯。它需要不断地运用必要的习惯，直到达到所期望的目标。

　　然后，这里就进入了习惯控制对社会遗传的影响。在一个人自愿执行自己的计划后，为了实现一个明确的主要目标，社会遗传定律以一种永久的习惯的形式来固定一个人的行为、身体习惯和思维习惯。但是，在使用了受控习惯之后，潜意识部分就接管了受控习惯，并通过任何可用的实际手段将其实施为逻辑上的结论。

　　但是，这并不意味着应该将工作完全留给潜意识。个人必须按照自己的意愿行事，就像潜意识没有给予帮助一样。潜意识实际上是在做这些工作：它通过想象力激发一个人的想法、计划以及实现他的目标的方式方法，而这些正是人们所期望的。

　　在采取此处描述的4个步骤时，必须利用图2-2中概述的该哲学的所有原则，所有这些都构成了我们称为受控习惯的一部分。这些原则仅凭阅读和理解并不会起作用。人们必须付诸行动，必须坚持行动，直到养成固定习惯为止。以许多不同的方式重复此操作，因为忽略它意味着失败。你自己控制的习惯可能会取代环境最初建议的习惯。

　　有条理的思想包括坚持不懈地采取行动并在执行时将原则组合应用。不执行计划就不会有受控习惯。因此，潜意识将无法接管并采取行动。

　　现在让我们来看看图2-3，研究力量的来源和心智的能力，它们与我所描述的4个步骤有关。

　　所有思想力量的源泉是无限智慧，如图2-3顶部所示。这种智慧不能直接被人类的头脑所占有。因此，人类拥有了一个连接无限智慧和头脑的纽带，即人们所知的潜意识部分。潜意识充当了一个"混合室"，在那里，人们的渴望被赋予了必要的创新致胜思维，使人们能够将创新致胜思维转化为他选择的任何形式的物质等价物。

　　接下来是意志力。这是在一个人的控制之下形成受控习惯的主要工具。（如果一个人没有养成习惯，那么"流浪汉"的习惯就会占据头脑，这恰好与环境影响的性质相对应。这些离散的习惯是由社会遗传定律形成的。）

意志力是所有其他区域的主宰。它可以形成习惯，也可以破坏习惯。它可以选择目标和目的，也可以改变它们。它能抑制任何情感的渴望，并抛弃理性能力的任何决定。它甚至可以撇开良心做出任何决定。

意志力是一种工具，可以让一个人清晰地描绘出他所渴望的东西并且通过在意识中反复呈现这幅图来实现。这种对渴望或目标的重复，然后采取适当的行动来实现渴望或目标，就是形成受控习惯的方法。

如果意志力得到充分的确定（例如，当一个人对其明确的主要目标达到痴迷状态时），它将能够并且确实使思维的每个其他区域付诸行动。它命令情绪付诸行动，并顺从情绪。它会选择理性或者拒绝这样做。它引导有想象力的人找到达到预期目标的方法和手段，然后开始工作。它可以深入挖掘记忆存储库，并找出可用的材料（知识、经验等）。它促使思维的潜意识部分行动起来，并使之唤起更大的无限智慧流动。

它模拟了"第六感"，并将直觉原则付诸实践。但是，请记住，只有在强烈的渴望或执着的动机的支持和激励下，以及明确的目标驱动下，意志力才会做这些事情。

因此，控制习惯的出发点是明确的目标。如果这个目标是强迫性的，那么意志力会立即按照一定比例去实现它。如果目标是模糊的或者缺乏情感上的渴望，意志力就无法接收到信号，从而什么也不会发生。

因此，可以说，情感作为一种媒介，在意志力的作用下开始行动。有条理的思想是意志力和情感力量的混合体，适当地平衡和引导以达到明确的目标。没有条理的思想是受情感的启发，没有意志力的影响，也就是说，没有控制的情绪。那种想法毫无价值。这可能是而且通常是非常危险的。如果它不被理性所改变，它总是危险的。意志力是一种媒介，可以用来平衡情感和理性之间的关系。

习惯如何养成

养成习惯的方式有两种，一种是通过自愿重复任何期望的想法或行动，必要时使用意志力来强制重复。然而，大多数自愿性习惯是基于明确动机反复产生的渴望而养成的。动机是形成习惯的所有媒介中影响最大的。

另一种习惯的养成是非自愿的。它通过社会遗传定律从一个人的环境影响中发展而来。这种习惯不受控制并且遵循的阻力最小。它们导致拖延、冷漠和不确定，最终迫使个人陷入思想的"车辙"。应当记住，社会遗传定律的影响始终无处不在，它指导着人们的思想和行动习惯。

通过反复思考或重复身体动作养成良好的习惯后，它会通过类似于一个人进行体育锻炼一样的活动，使习惯自动地表达自己。应该注意控制思维习惯，因为所有思维习惯都通过身体动作以不同方式反映自己。因此，所有的身体动作都是以思想的形式展开的。控制身体动作只需要控制思想。头脑中任何思想的存在都倾向于在身体的某些部位建立适当的身体动作。

我强调了身体和精神控制的重要性。诚然，任何思想在头脑中的存在都有在身体中建立适当的物理行为的倾向，但这只是一种倾向。成功的人不能坐等"趋势"，他们必须采纳和应用可靠的规则，达到预期的结果，并在需要的时候和地点达到这一结果。因此，任何一个人想要养成一个习惯都应该是自愿开始并无限期重复的，直到它自动发挥作用为止。没有其他方法可以养成理想的习惯。其他性质的习惯都是无法控制的，另外，它们控制着个人，导致人们更多地陷入痛苦、贫穷和失败，而不是走向成功。

可以将形成习惯的方法与通过货车的车轮在土路上形成"车辙"的方法进行比较。过一次马路会使泥土稍微变薄。第二次行程使压痕更深，依此类推，直到最后，"车轮痕迹"变得如此之深，以至于一旦车轮行驶至此，车轮就会受其影响。最后，如果无人看管，"车辙"会变成很小的沟渠，以至于完全阻碍货车的行进。

大脑以完全相同的方式工作。对某一特定主题的一个想法只会在大脑中留下轻微的印象。反复地思考会给人留下更深的印象，多次的重复会使这个印象更加深刻，以至于它也变成了精神上的"车辙"，思想的"车轮"就会陷进去，自动地运转起来。如果沟壑不填平，它将会变得非常严重，导致思维方式变得消沉。

埃米尔·库埃大脑中有这样一个思维习惯的原则，他告诫他的学生每天多次重复著名的健康与成功公式："每一天，无论在哪一方面，我都变得越来越完美。"对于不熟悉思维习惯形成方式的人来说，这样的公式似乎毫无用处。但对于一个懂得思想的力量如何运作的人来说，就不是这样了。

你会通过你自己的心态和你从中得到的结果来判断一个习惯什么时候已经养成了。养成适当的习惯后，你会感到与计划相关的持续热情。这种热情会在每一个时刻驱动你。当你入睡时，它甚至会继续通过你的潜意识来驱动你，当你的潜意识将你从睡眠中唤醒时，你无须感到惊讶，你可以使用一些想法或计划来实现你明确的主要目标。工作将不再是一项烦琐的工作。你就会像饥饿时需要进餐一样热心参与，这将是一种乐趣。而且，事情将在你自己的大脑之外发生，这将给你带来勇气。人们将本着热情的精神状态与你合作。促进个人兴趣和计划之外的机会将在你周围涌现。你的想象力将变得更加活跃。你会长时间工作而不会感到疲劳。你将比以前更加健康。渐渐地，你戴着的绝望的墨镜将改变它们的颜色，你将通过清晰的希望和信念的透明眼镜看到你周围的整个世界，因为你将改变你整个生命的振动并且随着这种变化，改善你的财务、职业乃至整个社会的状况。

这可不是空谈！我知道，如果你听从指示，你就会明白这一点，因为成千上万名学习这一哲学的学生都遇到过这种情况。失败可能会追上你，就像它追上所有人一样。但是你会把它当作一种挑战，去争取更大的努力，因为你会发现，有条理的思想是一种不可抗拒的力量，能够把绊脚石变成垫脚石。

如果一个人获得了将每一种情绪、每一种感觉、每一种恐惧和每一种担忧转化为一种建设性的积极动力从而实现了明确目标，那么这个人怎么可能永远被打败呢？这正是有条理的思想促使人做到的。

每一个学习这门哲学的学生都应该把"行动"这个词刻进自己的意识里，因为它是整个哲学的关键词之一。

——安德鲁·卡内基

卡内基关于有条理的思想的观点

这次访谈是三十多年前在卡内基的私人书房里进行的，当时这位伟大的钢铁大师正在训练他的门生希尔，为组织个人成功哲学做准备。

希尔：

您已经解释过，个人成功的一个重要原则是有条理的思想。您也说过，如果一个人没有组织自己思想习惯的能力，就无法把握成功。因此，卡内基先生，您能解释一下"有条理的思想"这个词的含义吗？我对这个词的含义有一个大致的概念，但我想对它有一个更详细的认识，也要清楚地了解这个原则是如何应用于生活中的实际事务的。

卡内基：

在讨论有条理的思想之前，我们先来考察一下思想本身。思想是什么？我们是怎么想的？思想受个人控制吗？

思想是一种分布在头脑中的能量，但是它具有与所有其他形式的能量相关的未知特质。它有智慧！

思想是可以被控制的，可以加以引导去实现任何人类想要的东西。事实上，思想是任何人能够完全、不受挑战地控制的唯一事物。控制系统是如此的完整，以至于没有人可以未经他人同意渗透到他人的思想中，尽管这个保护系统经常是如此的松散，以至于一个人的头脑可以被任何精通思想解释艺术的人随意进入。许多人不仅敞开他们的思想让别人进入和解释，而且还通过不加保护的言语表达、面部表情等自愿公开自己思想的本质。

希尔：

对于一个人来说，让别人自由进入自己的思想是安全的吗？

卡内基：

就像把家里所有的贵重物品都留在屋内而不锁门一样"安全"，只是纯粹物质上的损失与让"流浪汉"进入并占有思想相比简直是小巫见大巫了。

希尔：

那么，您相信思想确实可以从一个头脑传递到另一个头脑吗？

卡内基：

是的，一个人的思想不断被他人的思想冲动"狂轰滥炸"，尤其是那些我们每天接触的人。一个拥有消极思想的工人，如果让他和其他工人交往，尽管他从来不会说一个字，也不会通过行动来表明他的思想状态，但他会把他的消极思想传递给他能影响的其他人。我经常看到这样的事情发生，所以我不会弄错。

希尔：

这就是为什么您如此强烈地强调，在一个智囊团中，人与人之间的和谐是必要的。

卡内基：

这是我强调和谐重要性的主要原因之一。头脑的"化学反应"是这样的，一组人的精神力量可以被组织起来，因此只有当个体之间的思想有完美的融洽关系时，它才能作为一个力量单位发挥作用。

希尔：

在有条理的思想中，重要的一步似乎是"智囊团联盟"，通过这个联盟，人们汇集了自己的思想力量、经验、教育和知识，并根据一个共同的动机行动。卡内基先生，是这样的吗？

卡内基：

你把这件事说得很清楚。你可能会说，智囊团联盟是一个人在有条理的思想方面可能采取的最重要的一步，那是真的。但有条理的思想是始于个人思维习惯的组织。要成为一个有效的成员，这个人必须首先形成明确的、可控的思维习惯！一组人在智囊团原则下共同工作，每个人都自律到能控制自己的思维习惯，这代表着最高层次的有条理的思想。事实上，除非每个人都能做到自律，能够控制自己的思想，否则在一个大师级的智囊团中，永远不会有完全的和谐保证。

希尔：

我是否可以这样理解，您的意思是一个人实际上可以管教自己，以便他可以控制自己思想的本质？

卡内基：

是的，这是真的，但是要记住一个人可以通过形成明确的思维习惯来控制他的思想。当然，习惯一旦形成，就会自动地发挥作用，而不需要个人的自愿努力。

希尔：

　　但是，卡内基先生，一个人要强迫他的头脑按照特定的习惯运转不是很困难吗？怎样才能实行这种自律呢？

卡内基：

　　不，习惯的形成并不困难。事实上，头脑在没有个人意识的情况下，不断地形成思考习惯，就像头脑对日常环境中到达它的每一个影响做出反应一样。通过自律，一个人可以把他的思维活动从对周围偶然影响的反应转变为他自己选择的主题。这是通过在头脑中建立一个明确的动机，基于一个明确的目标，并强化这个目标，直到它形成一种痴迷状态来实现。

　　换一种说法解释，一个人的头脑中可能充满了一个明确的目标，这个目标是如此有趣，以至于他没有时间或机会去细想其他问题。这样他就形成了明确的思维习惯。大脑对任何刺激做出反应，当一个人被一种强烈的渴望所驱使，想要在任何一个方向上取得成功，他的头脑就会对这种渴望做出反应，并形成与实现这种愿望有关的明确的思维习惯。

希尔：

　　那么，有条理的思想是从明确的目标开始的吗？

卡内基：

　　收获成功的起点是明确的目标。举一个例子，如果可以的话，一个人没有明确的动机，基于明确的目标，通过一个明确的计划，取得了任何形式的成功。但是，你必须记住，与明确的目标相关的还有一个因素必须考虑。目标必须用激烈的行动来表达。这就是情感的力量所表达的。渴望达到某一特定目标的情感，是赋予这一目标以生命和行动的力量，并影响一个人的主动性。为了确保令人满意的结果，应该明确目标。它应该以强烈的愿望作为后盾。这种渴望完全占据了一个人的头脑，并使之完全被占据，以至于它没有任何倾向或机会去接受别人释放出来的杂念。

希尔：

我想我明白您的意思了。例如，一个恋爱中的年轻人，很容易把心思放在他所爱的对象身上，他也经常会想出各种方法，从他所爱的对象那里，找寻对其感情产生反应的方法。在这种情况下，一个人不难养成受控的思维习惯。

卡内基：

你的比喻很完美！现在把它换成其他的目标，例如，发展一个企业、一个职业，或一个明确的地位，或积累金钱，你就会知道这些目标是如何通过痴迷的渴望达到的。

希尔：

但是，卡内基先生，一个人通常不能把同样的情感欲望用在他对他所选择的爱人的爱中获得的物质上。

卡内基：

不，当然不是。但是他还有其他情绪可以激发他对物质的渴望。研究9种基本动机，你会发现，任何一种渴望本质上都是情感。对物质财富的渴望，对大多数人来说，是一种相当普遍的渴望。对个人表达的渴望包括得到他人认可和成名、自我保护的愿望以及对身心自由的渴望。一个人的所有情感，包括爱情，都可以转化为达到期望的目标。例如，对积累物质财富的渴望可以与对自己选择的爱人的爱相结合，对金钱的渴望与对自己选择的爱人提供金钱所能买到的舒适感的渴望相关。在这种情况下，人们会有双重动机来积累金钱。

希尔：

哦，我明白您的意思了。事实上，一个人可能会受到这7种积极动机的全部影响，而这7种积极动机是个人实现人生主要目标的动力。

卡内基：

是的，通过7种积极的动机，通过情感的转变，也通过两种消极的动机。当然，你知道，任何情绪，无论是积极的还是消极的，都可以成为行动的促进要素，引导你达到任何预期的目标。例如，恐惧的动机常常是行动的有力激励。要从中受益，一个人只需控制他的行为习惯，直到这些习惯变成下意识的。

希尔：

您的意思是习惯是自发的，不需要任何个人的努力吗？

卡内基：

是的，当它变得固定的时候就会这样，这正是习惯的特质。

希尔：

您说"当它固定的时候"？什么可以促进习惯的养成？一个人必须这样做吗？如果是这样，他将如何继续养成永久性的习惯？

卡内基：

习惯被某些未知的自然法则所固定，它使思想的冲动被潜意识所控制并自愿付诸实施。这条法则不会使人养成习惯，它只是修复它们，让它们自动运行。一个人通过重复一个想法或一个身体行为从而养成一种习惯，经过一段时间（取决于情感），一个人的思维习惯被自动接管和遵循。

希尔：

那么习惯的养成是个人可以控制的吗？

卡内基：

哦，是的！我可以提醒你，控制习惯的养成是有条理的思想的重要组成部分，你看，一个人可以养成他选择的任何一种习惯，经过一段时间，就像一个人进行体育锻炼一样，之后这些习惯会自动地永久化，而不需要个人下意识地去注意它们。

希尔：

　　您是说，某种未知的自然法则可以固定一个人的习惯，使其延续下去？

卡内基：

　　是的，这是一个既定事实。这是整个精神现象领域中非常重要的事实之一，因为它实际上是个人掌控自己的思想的媒介！揭露自然改变人类习惯的秘密的人将对科学做出巨大的贡献，也许比发现重力法则的牛顿所做出的贡献更大。也许当这个发现被注意到时，如果它真的被发现的话，它就会被揭示，决定人类习惯的规律和万有引力定律是紧密相关的，即使实际上并不一致。

希尔：

　　您的假设激起了我的兴趣，卡内基先生，您能详细说明一下吗？

卡内基：

　　关于习惯，我们确切知道的事实是，任何被重复的思想或身体行为都倾向于通过某种力量自动地形成习惯而永久存在。我们知道，习惯是可以改变、修改的，甚至是可以完全消除的，只要你自愿去养成那些相对强大的习惯。例如，拖延的习惯（每个人都或多或少受到影响的习惯）可以通过建立明确的、迅速主动的习惯加以控制，基于足够强烈的动机，以确保新习惯在头脑中起到主导作用，直到他们变得自动化。

　　因此，你看，动机和习惯是孪生兄弟！几乎每个人自愿养成的习惯都是一个明确的动机或目标的结果。因此，你看，一个人可以通过运用足够的自律来固定自己的习惯，直到这些习惯变成自动的，从而建立他想要的习惯，或消除他不想要的习惯。如果习惯不是自愿养成的，那么它的形成也是人无意识帮助的。大多数不良习惯就是这样形成的。

希尔：

那么，很明显的是，自律原则是主动养成习惯的必要工具吗？

卡内基：

是的，自律和有条理的思想几乎是同义词。没有严格的自律，就不可能形成有条理的思想，因为事实上有条理的思想不过是精心选择的思想。只有通过严格的自律才能养成思维习惯。拥有动机或强迫性的要求使得自律变得非常容易。如果一个人有明确的动机，并以强烈的情感渴望为动机，则可以形成思维习惯，这完全没有问题。

希尔：

您的意思是说，一个人对某话题产生强烈兴趣的时候，很容易形成思考习惯吗？

卡内基：

就是这个意思。拖延者在生活中常常游移不定，是个失败者，因为他没有做任何事情的执着动机。他的思想没有条理性，因为他没有按照明确的计划执行。

希尔：

卡内基先生，请您从一个希望充分利用时间和能力的人的角度，简要地描述一下有条理的思想的主要好处。

卡内基：

这种习惯的好处如此之多，以至于我很难决定从哪里开始说，但习惯有一些明显的好处：

（1）有条理的思想使人能够主宰自己的思想。人们通过训练自己的意志力来控制自己的情绪，并在需要时控制情绪来实现这一点。

（2）有条理的思想使人做事有明确的目标，从而使人养成一种禁止拖延的习惯。

（3）养成有明确计划的工作习惯，而不是盲目地往前闯。

（4）习惯使一个人能够刺激潜意识采取更多的行动和更迅速的反应，以达到预期的目标，而不是让潜意识对"不稳定的想法和环境的破坏性影响"做出反应。

（5）培养了自力更生的能力。

（6）通过智囊团联盟的媒介，使他人受益于知识、经验和教育，这是所有有能力的思想家所使用的重要媒介。

（7）它使一个人能够把自己的努力转化为更多的物质资源和更多的收入，因为拥有有条理的思想的人比其他人产出更多。

（8）它培养了准确分析的习惯，通过这种习惯，一个人可以找到解决问题的方法，而不仅仅是担心。

（9）它有助于保持健康，因为精神力量被组织和引导以达到理想的目标，而没有时间浪费在自怜或假想的疾病上。头脑懒惰容易使人得病。

（10）最后，但并非不重要的是，有条理的思想能带来内心的平静和那种只有全神贯注的人才能体会到的永久幸福。没有计划好如何利用时间，任何人都不会幸福或成功。有计划的项目是基于有条理的思想。

正如我之前所说的，头脑就像一个富饶的花园，如果没有条理，它就会自愿地种上一茬杂草，而不是忙着种植一种更理想的作物。杂草是由一个人的日常环境所造成的，代表了没有条理的、闲散的头脑的杂念。

仔细研究这一系列的好处，你就会得出这样的结论：其中每一个好处都能提供足够的回报来证明他为拥有条理的思想这一习惯所做的一切努力。这些好处的总和代表了成功与失败的区别。成功总是生活的结果，井然有序的生活来自有条理的思想、精心控制的习惯。

希尔：

按照您所说的，我认为工作和有条理的思想本质上是有联系的。

卡内基：

作为有条理的思想的一部分，没有什么可以取代工作。你看，工作是思想力量转化为身体力量的行动！除非有条理的思想以某种形式的行动表达出来，否则它永远不能成为一种习惯。

希尔：

您说过，有条理的思想始于拥有明确的目标，该目标必须遵循计划并在行动中表达出来，直到行动变成习惯。现在，您能否说明如果一个人做了他喜欢的工作，那么他是否能够有效地表达自己的行动计划呢？

卡内基：

一个人在从事他最喜欢的工作时总会更有效率。这就是为什么人生的主要目标应该由自己选择。那些仅仅为了获得收入而做着自己不喜欢的工作、虚度一生的人，他们从劳动中得到的很少超过谋生所给予的。你看，这种劳动并不能激励一个人在强迫性的工作渴望中提供服务。我们不能找到一种方法，使每个人都能从事他最喜欢的工作，这是文明的悲剧之一。那种工作绝不是苦差事。

希尔：

那么，如果一个人在完成自己选择的工作时有明确的动机，在激励他使其进入痴迷的状态时，有条理的思想是最好的方式吗？

卡内基：

这是说明问题的一种方式。当你开始分析成功者和失败者时，你会发现，成功的人总是从事他们喜欢从事的工作。时间对他们来说毫无意义。他们认为劳动带来的快乐是他们报酬中重要的一部分。

希尔：

您是否相信，有序社会将帮助每个人找到他最喜欢做的工作，这个时机终会到来？

卡内基：

是的，我认为那个时机会到来的，因为那种系统不仅有利于经济发展而且会消除现在盛行于雇主和雇员之间的矛盾。从事自己喜欢的工作的人比从事自己不喜欢的工作的人有价值得多。

希尔：

雇主的责任难道不是设法把工人分配到他们最喜欢的工作吗？

卡内基：

也许是这样，但是我们目前的行业体系使这一点变得困难。你会发现，在企业或行业中，每类工作仅要完成一定数量的任务，通常，人们最喜欢做的工作是最轻松的工作。解决这一问题需要一种改进的就业体系，使雇主能够根据雇员本职能力、培训情况和对工作的偏好来安排每个人的工作。此外还应采用不同的薪酬制度，该制度使每个人有机会在从事不太理想的工作时赚取更多的钱，从而使他们拥有更多的动力。

希尔：

我认为，对该主题的分析将使人陷入困境。看来，解决问题的方法必须在个人接受教育的同时就开始寻找，通过一个使其准备好执行自己选择的工作的系统。然后，所有教育机构都应以这样的方式协调、努力。他们不会为某些类型的工作培养太多的人，而为其他类型的工作培养太少的人。这就需要对工业、商业和专业进行定期调查，使教育机构能够确定不同类型的工作需要多少人去做。

卡内基：

是的，这个系统必须以这样的方式进行。例如，现在学校培养出的医生、教师和律师的人数超过了这些领域所需的数量，结果这些专业的部分人很难找到工作。

希尔：

根据您的分析，我认为应该从从事教育工作的人员以及管理行业和业务的人员开始普及有条理的思想。

卡内基：

是的，这确实是一个好的起点，但不要忽视这样一个事实，即养成有条理的思想的习惯也是一种个人责任，忽视这种习惯的人只能被动接受生活给予他的一切，不论是好的还是不好的。生活中更好的东西总是属于那些养成有条理的思想习惯的人。事情一直都是这样的并且将永远如此。养成有条理的思想习惯是不能委托给别人的责任，这是个人的责任。

希尔：

    卡内基先生，诚然，有条理的思想是一种个人责任，但一个人必须从一个起点开始获得有条理的思想的能力，而且在有条理的思想的过程中至少需要一些简单的规则来指导。您能指出这些规则吗？

卡内基：

    首先必须认识到的一个事实是，为了成为一名思想家，你必须具有"智力爆炸"的力量，你可以将其组织起来并进行建设性的应用以实现明确的目标，但是如果它不是通过受控的习惯来组织和使用的话，它可能成为字面上的"智力爆炸"，"炸毁"人们的成就、希望并导致不可避免的失败。

    用另一种方式描述就是，人们应该认识到思想的力量可能是无限智慧的一个计划部分，但是每个人都有权利使用和利用这种力量来达到自己选择的目标。挪用和控制的媒介是自愿养成的习惯。一个人无法控制无限智慧，但可以控制自己的心理和身体习惯，间接地使用无限智慧，因为无限智慧可以修正一个人的习惯并永久和自动地使用习惯。

    其次，思想家必须学习如何利用可靠的信息资源，在何处获得与组织思想相关的可靠事实。永远不能依靠猜测和充满希望的愿望（对大多数人来说是最常见的信息来源）来取代准确的事实来源。

    在这里，智囊团原则变得必不可少，因为它使人们能够拥有智囊团联盟其他成员的知识、教育、经验和能力。如果人们像大多数成功的商业和工业领袖一样明智地选择智囊团盟友，那么在他的指挥下，人们可能会拥有学校和经验所必须提供的非常可靠的知识来源。因此，在他的思想、计划和组织的工作中，他不仅拥有自己的头脑来指导他，而且拥有他的智囊团联盟每个成员的头脑。

毫无疑问，建立智囊团联盟是拥有有条理的思想必须采取的最重要的步骤之一，这一点可以从所有成功人士的联盟的事实中得到证实。他们可以通过不同方式自由使用其知识。没有这样的联盟，就不可能拥有有条理的思想，这是因为一个头脑（无论其能力如何）永远无法独立完成一件事。当我们说妻子是"更好的一半"时，我们通常会表达比我们想象的要多得多的事实，因为众所周知，没有夫妻二人思维的和谐相处，丈夫的思维就不会完整。因此，每个智囊团联盟中至少包括一名女性。当男性和女性的思想以和谐的精神状态融合时，联盟将调入并分配更大比例的力量（我们称为"精神力量"），而这两种力量在独立运作时均无法胜任。忽略这个真理的人将蒙受无法挽回的潜在精神力量的损失，因为没有什么可以取代精神力量。

现在，我不能告诉你精神力量到底是什么，但我假设它是一个更大容量的无限智慧，而不是我们所描述的精神状态。有一些情感能把人提升到这种崇高的感觉，比如爱和信仰。当一个人的思想被这种崇高的感觉所刺激时，想象力将变得更加敏锐，当他的思想只受到纯粹的精神过程，即热情和渴望所激发时，一个人的话语会产生一种"磁性"的影响，使话语令人印象深刻，恐惧和自我限制随之消失，一个人敢于承担他原本不想开始的任务。

希尔：

卡内基先生，您的意思是，一个人可以在智囊团原则下与其他人建立联系，使自己超越思想的正常运作过程，并将自己置于被称为精神力量的影响之下？这也是有条理的思想的一部分吗？

卡内基：

就是这个意思！"有条理的思想"这个词包含着"有条理"和"思想"这两个词所表达的一切含义。也就是说，基于每一种已知的优势、每一种已知的心灵兴奋剂、每一种已知的正确知识来源和最高形式的能力，无论是天生的能力还是后天获得的能力，无论是个人能力还是他人的能力。

希尔：

请原谅我形容得有些滑稽，但我从您刚才说的话中明白了，一个拥有有条理的思想的人是一个非常有能力的人，是一个超人。

卡内基：

坦白地说，你是对的！我很高兴地发现，你终于明白了我一直想告诉你的话的全部意义。那就是思想的力量是一种不可抗拒的力量，它没有限制，除非个人对思维能力的可能性缺乏了解，或者缺乏对如何组织、运用和提供这种能力的知识，否则将不受个人限制。

希尔：

如果一个人在有条理的思想方面获得了大量的知识，但却不公平地使用他的权利，以获得比别人更大的优势，他会怎样呢？鉴于一些人有很大的能力使用他们的头脑，但缺乏良好的道德责任感，教这类人如何成为超人难道没有危险吗？

卡内基：

一个用自己的思想力量去伤害或毁灭他人的人，很快就会因为失去他的力量而自我毁灭。这种力量是不能通过身体遗传从一个人传给另一个人的。这是一种每个人都必须通过自己努力获得的权利，否则他不会因此获得权利。

追溯历史，审视那些承诺成为世界征服者的人，重温他们的经历！尼禄、亚历山大大帝、朱利叶斯·凯撒、拿破仑·波拿巴以及其他有着同样决心的人，在统治世界的道路上取得了长足的进步，但是看看他们的遭遇吧。他们中没有一个人实现了自己的目标，没有一个人把可以维持他的利益的手段传给他的追随者。

在文明时期，将原则应用到你选择的任何地方，你会观察到效果是相同的。只有有效地利用了自己的思想力量的人所获得的收益才能够得以保留。

不用担心那些利用自己的思想的力量来损害他人的人，因为他已经通过自己的行为来决定自己的命运。文明的趋势是向上的，尽管在特定时期这条线可能会上下波动，但总体上它会永远向上移动。智者能够认识到这个真理并适应它。

希尔：

我同意您说的，卡内基先生，但是智者实在是太少了！世界上似乎有太多的人要么没有意识到与他人建立有益关系的好处，要么严重忽视了这一点，毫无疑问，他们相信自己足够聪明，能够制定自己的生活规则并与之相处。这样的人应该做些什么？难道他们不应该被教导或强迫遵守体面的人际关系的规则吗？

卡内基：

是的，他们在一定程度上被迫遵守了体面的人际关系。实际上，每一项人为制定的法律都是对限制手段的认可的证据。如果每个人都理解并尊重自然法则，则无须制定人为法则。但是，武力不足以使人们了解自然规律，教育是必要的。这就是为什么我选择你研究个人成功哲学。在这种哲学中，你需要动机和诱因，以个人利益的承诺的形式来影响人们自愿地运用该哲学。这种努力远胜于通过武力产生的效果。人们会尽其所能去遵循！

希尔：

哦，我明白您的意思了！最好的方法是教会一个人去适应对他人和自己都有益的人际关系规则，而不是强迫他这样做，您是这个意思吗？

卡内基:

就是这个意思，没错！例如，在养育孩子的过程中，引导孩子去做某件事要比使用武力好得多。懂得这种方法的父母管理孩子的方法是，将孩子的兴趣引导到对孩子本身有益又不引起他人反感的事情上，而不是强迫孩子避免做出令人反感的事情。

从某种意义上说，我们成年人也只是小孩子，我们会尽自己最大的努力去做我们希望做的事情。我们也讨厌被强迫做或不做任何事！这是人性的一部分，它是每个人的一部分，不分年龄。

每个人都喜欢主动行动的自由。破坏这种自由，就会阻碍个人的精神成长。也可以这样说，当你摧毁个人主观能动性的渴望时，你就摧毁了经济和财政成就。

希尔:

有条理的思想与自由、不加修改的权利、个人主观能动性是密切相关的，不是吗？

卡内基:

你的想法是对的。有条理的思想必须通过有组织的行动计划来表达！一个人单靠被动的思考是无法在精神上进步的。进步是思想通过自愿发展和明确控制的行为养成的习惯所表达的结果。

希尔:

这就是为什么有实践经验的人比只有理论知识的人更

有能力的原因，不是吗，卡内基先生？

卡内基：

你说到点子上了。能力以其最有效的形式，以健全的理论为基础，并以明确的有组织的行动形式加以表达。这就是为什么大多数大学毕业生在毕业工作时应用从学校获得的知识收获了实践经验后变得更加高效。

希尔：

那么您的意思是，有条理的思想是知识和表达知识的有组织的行动的结合吗？

卡内基：

可以这么说！知识没有任何价值，除非它是用有组织的行动来表达的。这就解释了为什么只有"书本知识"的人很少能将从书本上获得的知识应用于实践。

希尔：

但是，读书是有帮助的，不是吗？

卡内基：

是的，书本学习是教育的基础，但记住，它只是一个基础。一个受过教育的人通过将知识和知识的表达相结合，发展自己的思想，改变环境来满足自己的愿望。这种能力包括理论和实践，主要是后者。

一个人可能读过所有关于工程学的书，但他要把理论知识和实践经验结合起来，才能制订出一个计划，架起一座桥梁。当然，他可以只依靠理论架起一座桥梁，但无法保证它会在任何给定的重量下屹立不倒。实际的工程师精确地知道一座桥能够承载多少重量，他们知道如何监督这种桥梁的建造，并且保证质量。

希尔：

一个人能光靠读书成为一位有能力的推销员吗？

卡内基：

将理论与实践相结合的原则在推销业务方面与桥梁建造或其他方面同样适用。原则是根本。因此，它是有条理的思想的重要组成部分。一个人仅通过获得这些专业的学位无法成为有能力的律师、牙医或其他科的医生。他可以运用自己在学校学到的理论，在实践领域中应用这些能力。没有一所学校能与旧的经验大学相提并论，这是一所不可能"浑水摸鱼"的学校。一个人要么以优秀成绩毕业，要么根本就无法毕业。作弊是不可能的，因为老师就是自己。当一个人进入经验大学时，就如同站在一个柜台前，柜台上清楚地标明了商品，他既是推销员，也是购买者。如果他获得了他想要的商品，他就要支付生活给出的代价。

希尔：

卡内基先生，从您所说的关于有条理的思想的问题，我得出的结论是，技能首先是在这门艺术中发展起来的，它是通过精神和身体的能力之间的协调，通过明确的控制养成的习惯来实现的。

卡内基:

你可以这么描述有条理的思想的工作方式,但是你应该强调你忽略的一件事,即采取行动的必要性!你说得很对,有条理的思想始于思想能力和表达思想的物质手段之间的协调,但是不要忘记,只有通过高度发展和严格控制的行动养成的习惯才能获得精湛的技艺并且实现完美。我一遍又一遍地重复这个想法,并不是我不相信你能理解它,而是因为我知道,与成千上万的人的交往中,让一个人意识到这一点的重要性需要多长时间。

除非一个人变得具有行动意识,否则他将永远不会成为真正的思想家。他可能会从早到晚进行思考,但是除非他付诸行动,否则他只是做白日梦。他可能精通理论,但他永远无法学会"搭建桥梁"或进行任何形式的实际服务。许多人自欺欺人,认为自己是思想家。我听过不少人说:"我一直在考虑这样做,但是到目前为止,我还没有找到办法。"这样的人问题在哪儿?他们没有考虑一个重要因素,那就是行动!

如果你想做某事,请从站立的地方开始,立即开始行动吧!

你可能会问:"我应该使用什么工具吗?我将在哪里获得资金?谁来帮助我?"

我的回答是,凡是历史上值得一提的人,总是在他们需要的一切出现之前就开始行动了,即使他们还没有为开始做的一切做好充分的准备。这是人类经历的一种奇怪的现象,即竭尽所能的人很快就会找到其他更好的方法来实现自己的目标。奇怪的是，这些方法都能为他所用。

没有准备好的问题通常只是一个欺骗自己的借口。你还没有准备好开始研究世界上有关个人成功的实用哲学，你需要更多的教育，你需要一笔资金补贴来支撑你进行20年的毫无利润的研究，你需要阅历和成熟的思想，你需要许多不同领域的实践经验。是的，在向世界展示一个可靠的个人成功哲学之前，你需要所有这些东西，还有更多的东西。但是，当我给你机会研究这种哲学时，你做了什么？我来告诉你你做了什么。在我给你这个机会的29秒钟内，你抓住了它，开始努力工作，我会用我的生命来和你打赌，除了死亡，没有什么能阻止你完成这项工作。当人们想做某件事的时候，通常会找到一种完成他们所承担的事情的方法。

我在桌上留了一块手表，其唯一目的是把握人们对想法和机会的反应。那只手表已经改变了几百个人的命运，我给了他们自我发展的机会。手表永远不会说谎！它准确地说明了一个人下定决心要花多长时间。它准确地展示了一个人的行动意识。你的反应时间为29秒。当你做出决定并接受我给你的机会时，你还有31秒的时间。如果你再犹豫31秒，你将失去机会，因为正如我之前告诉你的，我只允许你在60秒内说是或否。我特意提出了要求，只允许你在短时间内做出决定。这样做是因为执行我让你完成的工作需要大量的"毅力"素质。我从经验中学到，一个人的耐力或"毅力"素质与下定决心从事工作的反应时间以准确比例呈现。

希尔：

从您所讲的内容中，我可以得出这样的结论：有条理的思想不仅需要有明确的行动，也需要有明确的决定。

卡内基：

就是这样！生命是短暂的，时间匆匆而过。自律的一个重要部分是养成始终对每个主题做出快速而且明确的决定的习惯。犹豫的人，当他掌握了所有必要的信息使他能够做出决定时，已经错失机会。他会发现自己被更先进的思想家抛弃了。在这里，你会发现成功者与失败者之间的主要区别。与失败者相比，成功者通常能力较低，受教育程度较低，经验较少，但他的行动意识更高。

希尔：

卡内基先生，我在听您所说的话时，有一个观点给我的印象越来越深，那就是成功更多的是正确的心态而非教育。

卡内基：

这就是我的观点！一辈子所受的教育也无法代替果断的行动！如果一个人的思想没有产生这样的作用，那么你可以确定他的思想是没有条理的。

有条理的思想就像是大坝中的水，只有在水坝上利用和引导的那部分水是有益的。无意识地倾泻在大坝上的水没有转动，也没有产生任何作用。它只是流回大海。

每个人都有着强大的思想的力量，但是大多数人都通过空想使这种力量消散，从不花时间去利用它并将其引导到一定的目标应用中。就像大坝中的水一样，它倾泻在大坝上，在没有提供任何服务的情况下消耗了功率。

希尔：

　　卡内基先生，为什么很少有人学会利用和运用他们的思维能力？从您关于有条理的思想的所有发言中，我认为这没有什么困难，但是肯定存在一些根本原因，导致绝大多数人生活在贫困和苦难中，而没有使用赋予他们所需或渴望的一切力量。

卡内基：

　　这其中只有一个主要原因，我可以用一句话来说明，那就是缺乏明确的目标！大多数人在生活中漂泊不定，接受他们能得到的一切，而不借助他们的思想的力量。缺乏明确的主要目标是自我限制的致命的形式。在人类的记录中已经清楚地写着，所有拥有明确目标的人，如果他们坚持自己的要求，就会找到获得它的方法和途径。坚持的一个重要部分是行动——我刚才所说的那种行动，开始的行动，继续前进的行动，即使困难重重，在暂时失败时重新开始的行动。行动，行动，行动！让这个词在你的意识中燃烧，直到它像晴朗的太阳一样在无云的日子里闪耀。

　　你是什么、成为什么、获得什么，都是行动的结果。思维、教育、知识、能力、机会都是空话，除非将其转化为行动。记住这一点，并在个人成功的整个哲学中予以强调。在没有将"行动"一词刻入头脑中之前，切勿让学习这种哲学的学生受到你的影响，因为这是整个哲学的关键

词之一。领导人寿保险公司整个销售团队的人是所有员工
中最年轻的人之一。他销售人寿保险的时间不到其他推销
员为公司工作的时间的四分之一。他的性格不如其他大多
数推销员。他对人寿保险的了解要比其他许多人要少，但
是他有一件事使他在销售中处于领先地位，那就是他不屈
不挠的意志力和快速的行动。

这是他表达自己的行动意识的过程：

当他进行销售时，他诱使购买者给自己提供其他潜在
的购买者清单。他还经常设法使客户亲自与自己同行，并
将自己介绍给他们的朋友。我认为他的出色销售记录几乎
全部（即使不是全部）取决于这一举动。你会看到，他将
他的客户带到了无休止的合作链中，实际上，有一大帮人
协助他进行销售而又不收取薪水。

希尔：

为什么其他的推销员没有从这个人的案例中获利，也
这样做呢？

卡内基：

如果我能回答这个问题，我会把我的名字从卡内基改
为所罗门，把自己定位为一个解决人类问题的人。你说的
这个问题我想过很多次，这不仅与这位推销员和他的其他
同事有关，也与我自己的企业有关。众所周知，我的一些
同事是从最基层的劳动中成长起来的，并已成为企业的负
责人。他们推销自己的方法为每个工人所熟知。他们晋升
的主要原则是"多走1公里"。然而，选择通过这个简单
的程序来提升自己的人数比例是微不足道的！

归根结底，这一切都要回到目标明确的原则上来。

人寿保险推销员比其他人卖出更多的保险，是因为他愿意这样做。这是他明确的主要目标，他一直在为此努力。其他人的工作意志力较低，目标不明确。他们为什么这样做，甚至连他们自己都无法解释。他们缺乏必要的冲动，他们的渴望没有那么强烈。

希尔：

从您的话中，我认为自律是一个人获得成功的重要因素。

卡内基：

当然！领导整个团队的人寿保险推销员会通过明确的行动习惯来训练自己。当其他推销员打高尔夫球时，他会打电话卖人寿保险。他在其他推销员睡着的时候仍然在卖人寿保险。他有明确的时间计划并严格遵守时间表，保持严格的自律。我可以告诉你，尽管我从未见过那个人，我可以告诉你关于他的另一个重要事实，他在出售人寿保险时进入到痴迷的状态。我不怀疑他的潜意识会在他睡着的时候卖保险，因为我听说有一次他深夜从床上坐起来，打电话给一个潜在的保险买主，说享有特权带他参加一个他第二天早上要参加的会议，他知道这位潜在买主很想参加。但他绝对没说要卖人寿保险。给潜在的买主提供一个帮助，不过是向他出售保险的明确计划的第一步。你看，当一个人用这种痴迷来控制思想时，他的潜意识会接管他的痴迷状态并帮助他把思想转化为物质上或经济上的等价物。

希尔： ————————————————————

那么，痴迷的渴望也是有条理的思想的重要组成部分吗？

卡内基： ————————————————————

是的，非常重要的一部分！事实上，它是开始行动并使行动继续下去的部分。一个人做他想做的事并不困难。当一个人在失败的时候，通过不可预见的紧急情况，强迫性的渴望会帮助他重新开始，而不会对自己失去信心。痴迷的渴望使他保持行动，否则他会屈服于拖延的习惯，这使他想摆脱单调乏味的苦差事。

希尔： ————————————————————

这又让我们回到基于动机的心理状态问题上。痴迷的渴望是一个人在渴望背后有明确动机时所能获得的一种心理状态，是这样吗？

卡内基： ————————————————————

你说得很好。精神状态是指一个人在任何特定时间内的情感总和。通过自我约束，一个人可以决定他的情绪中哪一种会得到最充分的表达，而其中哪些情绪会通过蜕变而被修改、控制和重新定向。心理状态是通过基于明确动机的既定习惯来控制的。这里，再次回到行动的问题。控制精神状态的习惯只能通过适当的情绪表达，通过身体活动来建立。

希尔：

假设一个人缺乏野心，缺乏想象力。如何引导他克服这些弱点？

卡内基：

在你的问题中，你有意识地或无意识地描述了大多数人的实际情况。缺乏雄心壮志几乎是导致失败的原因之首。这样的人要想成功是没有希望的，除非他有足够的雄心壮志，让他自己想获得一些他没有的东西。有明确的动机是一切成功的开始。在这里，我想提醒你注意一个我们之前没有提到的重要事实，即每个成功的人在很大程度上要归功于其他人在某处和某种程度上对其人生的影响。以你自己的情况为例。你来采访我是为了写我的个人成功的故事。在你完成采访之前，我曾影响过你，改变了你的整个人生计划，你放弃了当律师的念头，转变为向世界传递个人成功的实用哲学。

同样，每个成功的人都会受到其他人的影响，这些人会激发他的想象力，让他着迷。有时这种外部灵感的来源是通过远程控制，例如通过阅读一本书来获得的。但在每个成功人士的一生中，总有一个转折点，标志着他处于另一种思想的影响之下，这种思想激励他实现更高的目标和更高尚的目标。

成功的人往往忽视了他们灵感的最初来源而且常常很容易忘记，因为他们更愿意让世人相信他们的成功完全是靠自己的努力获得的。

希尔：

这是一个全新的想法，卡内基先生，但我能看出它是正确的。那么，有条理的思想的一个重要组成部分，难道不是真的存在于一个人深思熟虑的努力中，与那些能够激励他实现更高和更崇高目标的人交往吗？

卡内基：

是的，我可以补充一点，聪明人从不浪费时间与他无法从中获得利益或无法以某种形式为其贡献有价值的东西的人在一起。人际交往是很重要的，因为每个人都会受到与他密切相关的人的哲学、人格和精神状态的影响。正如我所说的，自然法则控制着这一点。

希尔：

同样的道理，一个人的许多破坏性的品质，比如消极的心理状态，都是通过与他人交往而获得的，这不也是真的吗？

卡内基：

是的，那是真的。我曾经听说过一个年轻人陷入了严重的麻烦，是因为他与不受欢迎的人交往。人与人之间的联系比大多数人认为的对一个人的成功或失败负有更大的责任。和没有一个聪明人会想喝一口他知道被病菌污染的井里的水一样，与那些心理状态消极的人建立亲密的友谊会陷入麻烦。人的特质是有传染性的，无论是好的还是坏的。

希尔：

卡内基先生，当您展开这个有条理的思想的主题讲解时，您会发现其中的条件和环境似乎没有尽头。

卡内基：

没错。事实上，影响有条理的思想的条件和进入所有人类交往的事实一样多。一个人说的每一句话，出席活动时所使用的每一个词，思考时的每一个想法，都会以某种方式改变他的思想习惯。自然地，如果一个人把自己与他人建立起这样一种关系，他只与那些激励他思考高尚思想和从事值得称赞的行为的人交往，那么他就会从改善自己思维方式并从中获益。如果他因为粗心大意或漠不关心而让自己与那些心理状态消极的人交往，结果是相反的。

希尔：

那么，您不会认为一个人拒绝与某类人交往是自私的行为吗，如果只和那些他能从中获得某种利益或贡献一些有价值的东西的人交往？

卡内基：

这可能被称为自私，但这是一种正当的自私形式。不管怎么评述此种行为，通过有条理的思想取得成功才是关键。一个人会毫不犹豫地要求为他的身体争取最好的食物，尽管他知道有些人甚至连最粗糙的食物都需要。因此，为什么一个人不应该在乎他所"喂养"自己头脑的"食物"呢？有一点不要搞错：一个人通过与他人的交往而受到的每一种影响，都是他思想的精神食粮。我见过流浪汉从泔水桶里捞出被丢弃的食物，但我也见过那些不是流浪汉的人从他们的同伙的头脑中捞出"精神食粮"，这种"精神食粮"对他们的健康的危害远大于泔水桶里的废弃食物。这不是一个很好的比喻，但它是准确的。

希尔：

当您谈到日常交往时，您是否是指一个人的生意或社交伙伴？

卡内基：

我指的是他与之友好交往的所有人。从一个人对他的影响的角度，按其重要性的顺序排列，我想说他的家庭伙伴是第一位的，其次是他的商业或职业伙伴，然后是他的社交朋友，最后是他的临时伙伴。没有一种关系比家庭关系更重要。根据家庭关系的性质，这种关系对人的一生有着强大的影响，它从出生开始，一直延续一生。有句老话说，丈夫可以被妻子的影响造就，也可以被妻子的影响打破，但少数情况下，丈夫个人的力量足以摆脱心理状态消极的妻子的影响，这种情况除外。另外，一个聪明的妻子可以而且经常会激励她的丈夫拥有更远大的目标并实现他的目标。幸运的是，男人可以选择一个对他有启发性和建设性影响的妻子。

希尔：

当然，您并没有故意忽略提到一个人的智囊团伙伴是他事业或职业成就的一个重要因素。这些不应该先于其他的影响吗？

卡内基：

就一个人的商业成就而言，是的。但是，如果你提到一个人的整体成功，我还是要说家庭关系是第一位的，因为这是一个人拥有更亲密的关系的地方，正是这些关系维持或破坏了一个人内心的平静。当然，理想的关系是，夫妻双方（如果这个人结婚了）都是"智囊团联盟"的一员。可能一方不会参加商务会议，但可能与另一方参加这些会议时的精神状态有很大关系，并以这种方式对整个联盟施加影响，从而影响到其中一个人。

希尔：

您强调了了解您的智囊团的重要性。我想，您会得出这样一种结论：一个被发现的敌人就是一个被控制了一半的敌人。

卡内基：

是的，你还可以加上一句，如果你对你的敌人了解很多，你就很有可能把他们变成你的朋友。低估敌人或竞争对手的习惯是一种代价高昂的习惯。没有一个有条理的思想家会犯这样代价高昂的错误。有条理的思想家把所有倒进他的"磨粉机"的东西都当作"谷物"，但在"磨粉"过程中，他会小心地把"小麦"和"谷壳"分开。对"谷壳"进行识别和分类，将其转化为有用的服务。

希尔：

您的比喻是什么意思呢，卡内基先生？

卡内基：

好的，我给你说明。我曾经有一个亲密的生意伙伴，他的家庭生活因他对另一个女人的兴趣而变得非常危险。这个男人的妻子带着她的故事来找我，并请我帮忙让她的丈夫与那个女人分手。我没有跟这个生意伙伴提起这次私通事件，而是通过分析与该女子的往来的利弊就纠正了这场"错误"。

一个月之内，我就使这名女士确信整个事件是不适当的，如果不中断的话，它注定会损害我生意伙伴的利益。我无法提及细节，但足以说服我的生意伙伴，使其家庭关系得到了令人满意的修复，从而避免了很多人的尴尬。如果我一开始就不注意事实，我最终会失去一个能干的商业伙伴，而他的妻子也会失去一个好丈夫。通过运用常识并共同努力，在有条理的思想原则引导下，他和他的妻子避免了一场悲剧的发生。

希尔：

哦！我明白您的意思了。如您刚才所说的那种情况，当一个人遇到紧急情况而这种情况有可能妨碍他实现自己的人生目标时，有条理的思想就必须脱离常规。卡内基先生，是这个意思吗？

卡内基：

正是这样。干涉我的生意伙伴的私生活不是我的责任，但我有权利这么做，我是出于为所有相关方争取最大利益而采取行动的。

希尔：

假设您在这件事上与那个女人交涉的努力没有成功。您会放弃这件事吗？

卡内基：

有条理的思想者从不放弃他所承担的任何事情，直到他用尽一切方法去完成它，你可以把它看作是有条理的思想的另一个基本要素。如果我的第一次尝试失败了，我会尝试另一个计划，还有下一个。作为最后的手段，我可能会和我的生意伙伴断绝关系，直到他认识到自己的错误，然后与他建立新的联盟。每一个问题都有解决办法，尽管它未必总是人们所希望采取的解决办法。那些没有有条理的思想的人的问题是，当他们遇到反对意见时，他们就放弃了。放弃从来无法解决任何问题。

希尔：

那么坚持也是有条理的思想的一个重要因素？

卡内基：

的确如此。事实上，坚持是所有形式的个人成功的关键词。没有它，任何人都无法在事业上走远。坚持和行动同在，这两者是不可分割的。

希尔：

卡内基先生，人们将如何做到坚持不懈？

卡内基：

通过发展意志的力量。坚持不懈只是坚韧不拔的意志，加上激发行动的明确动机。将这三个因素（动机、行动和意志力）综合在一起，就可以做到我们所说的坚持不懈。

希尔：

我想一个人通过在行动方面表达一种明确的愿望或动机来以同样的方式发展意志的力量。

卡内基：

是的，意志的力量只对动机做出反应，但使用得越多，意志就越强大。当一个人掌控了自己的意志力时，他的所有其他能力才能都在他的控制之下。

希尔：

那么，如果不控制自己的意志力，就无法成为拥有有条理的思想的人。是这样的吗？

卡内基：

完全正确。并且不要忘记，意志力是基于明确的动机对受控习惯做出反应的，这与获得意志的控制方式是通过养成与行使意志力有关的行动养成的习惯一样。

希尔：

卡内基先生，谢谢您如此详细地解释了有条理的思想的要素和重要性。

每一个学习这种哲学的人都应该把"行动"这个词刻进自己的意识中，因为它是整个哲学的关键词之一。

——安德鲁·卡内基

第三章

控制注意力

隐藏在"控制注意力"这个词中的是一种奇怪的力量，它足以消除人们接受的所有普通的自我强加的限制，并防止自己的一生束缚其中。

这种力量实际上是"智力爆炸"，因为它能够摧毁自我强加的限制的原因并给予一种手段，使人们可以掌控自己的思想。

当你掌握了这一章，你将更充分地理解为什么一个人必须有一个明确的主要目标才能成功。你也会知道，为什么一个人的明确的主要目标应该写出来，记住，并且经常重复思考。你会明白为什么一个人的"精神状态"在实现一个人的主要目标或任何次要目标时起着如此重要的作用。

通过这一章，我们将更好地掌握智囊团联盟原则，它的结果使科学界人士感到困惑，也使目睹它运作的外行人大吃一惊。

由两个或多个人组成的联盟，为了达到一个明确的目标而和谐地工作，其效果是刺激联盟中每个人的思想，结果是为联盟成员或群体中的某些个人提供没有掌握的知识。

这个结果我们很熟悉，因为这是一个几乎每天都在世界各地的研究实验室和工商理事会中产生的结果。我们从每一方面都看到证据表明，这种思想的结合给人以远见、勇气、想象力和主动性，而当他们独立和单独行动时，这些优势都是他们所不具备的。

安德鲁·卡内基把控制注意力的原则作为个人成功的原则之一，但即使是伟大的钢铁大师也未能将这一原则与文明进步的手段联系起来。他从中看到了一种力量，在解决经济问题和个人问题时，能适应自己的需要，但除此之外，他并没有提到它的可能性。

卡内基欣然承认，他的财富完全是通过20多个人的努力积累起来的，这些人是以钢铁制造和促进销售为目标，与他结盟的智囊团。卡内基掌握了必要的技巧，使这些人以和谐的状态与他合作。他知道通过这个智囊团联盟所产生的创新致胜思维、想象力、个人主观能动性和灵感是伟大的，但卡内基没有试图解释智囊团成员给予他的超高能力的来源。

自从卡内基第一次让我注意到这一原则以来，他已经长时间对其威力进行了深入研究。对成千上万的人的思想进行了探索，他们对思想刺激的反应也得到了检验，在调整人际关系的问题上，得出了对后代非常重要的结论。

现在跟我上一堂有机化学的基础课吧，因为在这里，我们找到了第一条令人信服的线索：当两个或两个以上的思想在和谐的状态中融合在一起，为了达到一个单一的目标，会发生什么。

在化学中，我们了解到两种或两种以上性质完全不同的元素可以组合在一起，从而产生不同于任何一种元素的东西。举例来说，水在化学中被称为H_2O，是一种由两个氢原子和一个氧原子组成的化合物，但其结果既不是氧也不是氢。这些元素的结合产生了一种全新的产物。

我们在化学中也学过，某些无害的药物可以合成为致命的有毒物质，而其他的药物组合，加入毒药中，可以中和其毒性作用。

纵观自然界，我们可以看到，每一个物质原子和每一个能量单位都是由其最接近的同系物所改变的。植物，从地面生长出来的东西，肯定会被它们赖以生存的土壤元素所改变，这是每个农民和园艺家都知道的事实。是的，物质的原子受其"邻居"的影响，就像人一样。我们所生活的世界和我们所能观察到的宇宙物质部分都是由电子组成的，归根结底，电子由正负能量单位组成，它们的排列方式使两种力相互平衡，并且几乎不可通过任何已知的科学方法分离开。

就科学所能确定的事实而言，宇宙的物质部分只包括两种成分，那就是能量和物质。如果人们希望严格地用技术来陈述事实，那么宇宙中所谓的物质部分就是能量，因为很明显，已知物质的电子只不过是两种相反的能量形式，一种是"推动"，另一种是"拉动"，以抵消其组合能量。

类比物质的化学反应，我们现在来分析思想的力量。很明显，思想就是能量，尽管科学已经对它或它的起因有所了解，但它可能恰恰是那种将电子的相反作用力保持在一起的同一类能量。如果这是真的，那么很明显，思想的能量对改变物质元素性质的相同影响做出了反应，正如我们所看到的，其中之一是物质原子结合的方式。

我们确信有两个事实。第一，物质的性质可以通过结合其他物质的元素来改变；第二，思想的性质可以通过两个或多个人的联盟而改变，这与联盟的性质，或者它的目标是什么无关。这些是众所周知的事实，即使是外行，这些事实也很容易理解。

我们知道，存在某些类型的思想，当它们通过任何形式的交往相互接触时，就肯定会彼此对抗。在这种情况下，我们找到了一个合理的假设，即头脑的化学和其他领域的化学是相同的。与自然法则类似，当把不同类型的思维混合在一起时，思维的波动也会产生一种对抗性的影响。

换言之，有一些思想能量的组合，在它们相互接触的那一刻就会相互"对抗"。这一事实不仅在两个或两个以上的个体的关系中可以得到证明，它也可以在单独个体的思维活动中看到，因为众所周知，有一些思想类型，一旦它们接触就会相互"排斥"。例如，恐惧和信念是如此的不友好，以至于两者不可能同时占据头脑。一个或另一个必须并且总是如此占据主导地位。有一些方法可以让一个人决定这两种情感或任何其他情感中的哪一种来支配他的头脑，而这些方法中较重要的一种就是控制注意力。

作为这个描述的一部分，我现在必须提醒大家注意一个自然法则，通过这个法则，同类可以吸引同类。我们有时称之为和谐吸引定律。通过它的运作，那些彼此相配的事物，在美好的生活中，有一种自然而然地聚在一起的倾向。

我们看到这条定律与从土壤中生长的植物有关。通过一些奇怪和未知的过程，这条定律设法把土壤中的化学元素聚集起来并将它们与空气元素的能量单位结合起来，从而产生从地面生长出的每一种生物。在这里，没有对抗，没有"战斗"的元素物质或单位的能量。它们按照和谐吸引定律工作，彼此之间不存在对立。

当我们谈到人与人之间的关系时，我们会发现另一种情况，在这种情况下，人们常常忽略了和谐吸引定律，而思想能量的不友好破坏了和谐关系。有时这种情况的发生是因为人们对和谐吸引定律的无知。有时，这是人们故意否定负面思想的结果，众所周知，这些负面思想破坏了和谐吸引力定律的影响。

一个人掌握了这一哲学，并养成了习惯，将其应用于所有与他人的关系当中，他就会发现自己受益于和谐吸引的定律。他把自己的头脑训练成只吸引自己想要的人和物。现在让我们来看看他是如何调节自己的头脑，使他能够适应和谐吸引定律的影响，即：

（1）**有明确的目标**：他明确了自己想要的东西，制订了一个计划，然后按照自己的思想采取适当的行动，集中精力将大部分思想和行为集中于此。然后，这里进入了"控制注意力"的原则，我们不要忽视这样一个事实，即"控制注意力"以两种不同的方式使他受益于和谐吸引定律。首先，他吸引了积极心态的力量，这些力量在他自己的思想中创造了和谐。其次，他吸引了与自己目标性质相吻合的人和物质。

通过控制注意力或者仅通过这种方法，一个人就可以在他的潜意识里留下他的渴望、目标和计划的本质，在这种潜意识下，和谐吸引定律似乎可以找到它们的联系。

（2）**塑造智囊团原则**：通过建立明确的主要目标，迈出了发展控制注意力习惯的第一步，他必须与具有必要经验、高学历、拥有天赋并已获得必要动机的人相互交流，在智囊团的帮助下实现他的主要目标。

这种关系加强了控制注意力原则的应用，因为联盟创造了强大的"群体心理"，使人们更加自立、富有想象力、热情、具有主动性和获胜意愿。当一个人与其他给予他帮助和鼓励的人交往时，他会继续朝着明确的主要目标前进，而如果他一个人工作，他将倾向于放慢脚步，将注意力从主要目标上转移开。

智囊团联盟，当它被激活并积极地执行某些明确的目标时，它是控制注意力的最高形式！这样的联盟让人不断地想起自己的人生目标。特别是当一个人每天与他的智囊团的成员联系在一起时，就像工业和商业组织的成功领导者组成智囊团一样。

（3）践行信念：拥有明确的主要目标并与一群人组成一个智囊团联盟，积极地执行联盟的目标，从而证明他是有能力达到目标的人。因此，信念的因素进入了他对控制注意力原则的应用，从而进一步强化了他的注意力。当第3步被实施时，在培养控制注意力的习惯时，一个人的精神状态已经变得更加积极。许多自我强加的怀疑、气馁和缺乏自立的限制已经消失。一个人在所有的行为中都是明确的，他脑子里已经没有了思考失败的想法，他忙于实现他的主要目标，以至于没有时间犹豫或拖延，而且，他也没有这样做的愿望。

在大多数情况下，发展控制注意力的第3步足以确保成功，但掌握这一哲学的人并不止于此。他通过采取第4步来"巩固"他所取得的收益。

（4）多走1公里：这个原则的应用确保了连续的行动。它将收益递增的原则付诸实施，通过这一原则，一个人会更加努力。它在努力背后创造了一个额外的动力，激励着个人以及其他与他明确的主要目标相关的人。这也有助于改变他的精神状态，使其更积极。尽管使用这一原则可能不会在每一次使用时都给他带来直接的物质利益，但它本着友善的精神具有产生善意并吸引他人的合作的总体效果。因此，它可以作为——控制注意力的"火焰"的燃料！

但这不是终点！哲学大师通过采取培养控制注意力习惯的第5步，进一步确保他成功地达到他明确的主要目的的目标。

（5）**有组织的个人努力**：通过这个原则的应用，一个人组织他的计划，然后，在他的智囊团盟友的帮助下，他分析自己的计划，进行测试并确保计划是健全的。这时，他已经为他的信仰建立了一个合理的理由。因此，他有一种自信，几乎可以抵抗反对的声音！不再因犹豫不决和怀疑而退缩。他确切地知道自己想要什么，他有明确的计划去获得自己想要的，他积极地执行自己的计划，在他有信心的智囊团同盟的支持和帮助下，对他自己和他的计划有更大的信心。但是，他并没有就此止步。他运用这一哲学的另一个重要原则。

（6）**自律**：通过这个原则，情绪得到控制。他不再通过过度放纵自己的情绪或通过表达消极情绪来消磨精力。他的大脑开始像一个完美构造的机器一样运转，没有失去动力，没有能量消耗。他已经掌握了改变情感的艺术。因此，他的消极情绪（如果它们出现在他的大脑中）会转化为积极的行动。

他已经可以完全控制自己的意志力，借助于意志力，所有其他的思想区域都在他的控制之下并被要求履行建设性的职责。他正在接近控制注意力的最高效率。从现在起，他已经控制了一切，但还有其他的步骤要做，以巩固收获和他的处境，这些都影响到他实现明确的主要目标。现在他行动得更快了，因为他通过6个步骤取得了进展，所以他采取了第7步。

（7）**创新致胜思维**：当前面6个步骤被执行的时候，想象力的能力将变得如此敏锐和警觉，它开始自动发挥作用，从而进一步巩固一个人的努力，培养控制注意力的习惯。此时，潜意识将为自己的利益采取行动，它将开始通过计划和想法来表达自己，这些计划和想法将以"预感"的形式出现。新的机会将神秘地出现，来自他人的新的和意想不到的合作形式也将开始出现。他所接触到的每一件事都会成为他手中的一个工具，他可以用它来推动他明确的主要目标的执行。即使是机会法则也会对他有利。他的朋友们会开始说他是一个"幸运"的人，但是，在这一点上不要让任何人受骗。在这些有利的情况下，从四面八方出现的都是一个明确的原因，掌握这一哲学的人会明白，这个"原因"可以用这里提到的7个原则来解释。

但是，掌握了整个哲学的人不会满足于在这一点上停滞不前。他将继续采取第8步，进一步巩固他在发展控制注意力方面的成果。

（8）**有条理的思想**：早在养成这一习惯之前，这种哲学的大师就已经停止"猜测"并且养成根据已知事实或对事实的合理假设来制订计划的习惯。事实上，他已经开始在拥有一个明确的主要目标的同时，拥有有条理的思想。

千万不要认为他会等到他在控制注意力的发展中迈出了第8步，才应用有条理的思想的原则。然而，在这一点上，这一原则显然已经成为培养控制注意力习惯的必要条件。记住，我们现在谈论的是控制注意力的习惯，必须从拥有有条理的思想，通过这一个明确的主要目标来实现。

（9）**正确对待失败**：到这个阶段，学习这种哲学的学生将养成习惯，将生活中的每一次经验转化成一定的收益。失败不过是发出更大、更多决心的信号。他将养成寻找在各种形式的失败中都能找到的"同等利益的种子"的习惯。因此，失败将成为一种有用的"燃料"，他用这种"燃料"来充实自己的意志力。他不仅将当前的失败转化为更加努力的渴望，而且还将养成从之前的所有失败中获利的习惯。为此，他将每隔几个月对自己进行一次复盘，从而使自己能够从失败的结果中分析失败的原因，这足以消除经历的痛苦。

到那时，与以前的自我相比，这种哲学的主人将真正成为一种

"巨人"并且他的头脑中将不再留有容纳恐惧、沮丧、忧虑或自我限制的空间。他将知道自己想要的东西是什么以及他的生活去向,并且会认识到自己在前往目的地的途中进展顺利。他前面的道路将是清晰的,尽管可能有许多弯道,但他看不见,但他会知道,到达这些弯道时,道路将继续朝着目的地前进。这是一种光荣的感觉,每个取得显著成就的人都可以作证。

学会了将失败转变为刺激以进行更大努力的技巧之后,学习这种哲学的学生走上了控制注意力发展的第10个步骤。

(10)灵感:通过应用前面描述的9个原则所获得的收益,人们培养出热情的习惯,这种行为产生的品质会激励一个人更加主动,而不是被告知该做什么。热情使工作中的枯燥无味变得轻松愉快,从而简化了控制注意力的发展。与任何计划、目的或动机有关的热情会自动地把注意力集中在主题上。通过灵感,一个人头脑中的主导思想很快会被潜意识所影响,并在潜意识中起作用。因此,一个人的头脑被热情所支配,就得到了被认为是意识思维和无限智慧之间的连接纽带的直接支持。在这一点上,他在控制注意力的应用上已经达到了很高的效率。

同时,这一哲学的大师将通过应用第11个原则,为本文所述的10个原则提供支持,他将采取下一步措施培养控制注意力的习惯。

(11)迷人的个性:虽然这被认为是培养控制注意力习惯的第11步,但学生在通过明确的主要目标后,应立即开始运用这一原则。通过运用迷人的个性这一特质,他将消除很多其他人的反对,他将吸引许多盟友的友好合作,而不只是那些与他结盟的智囊团成员。同时,他也会改善自己的精神状态,从而为培养任何想要的习惯,包括为了养成控制注意力的习惯做好准备。

因此,很明显,控制注意力是应用这里提到的所有原则的结果,而不是偶然的问题。同样,很明显,控制注意力习惯的养成方法并不超出普通人的能力。除此处提到的内容外，它不要求任何特殊的培训或教育。这是平均水平的人所能及的成功品质。它的发展不要求付出不合理的牺牲或劳力，主要的要求是取胜的意愿和愿意以诚实的方式付出。

掌握了这11个原则之后，通过系统地应用和使用，学习这种哲学的学生发现自己已发展成为控制注意力习惯发展的第12个也是最后一步。在掌握了11个原则后，他自动制订了第12个原则，他找到了自己的主人，"命运的主人，灵魂的掌控者！"

尽管只考虑了该哲学的12个原则，但是掌握这些原则的人现在已经掌握了自己的思想。他知道他想要什么，他有一个明确的计划。在获得"确定的主要目的"的目标时，他一直靠着可信赖的辅助手段保护自己。他感受到个人力量的刺激。他具有必要的自律能力，以使他能够明智地使用这种力量。他除了以建设性的方式使用自律能力，使它所影响的所有人都受益之外，没有其他任何愿望。

他赋予自己免疫力，使自己不受那些企图破坏自我决心和个人自由的微妙力量的侵害。他学会了如何在不损害他人利益的情况下满足自己的需求。他不再渴望一事无成，因为他已经学会了一种满足自己需求的更好方法。他已经在自己的思想中找到了和平与和谐。他学会了在发现生活环境的过程中接受并充分利用它们。他获得了与他人和睦而友好的谈判的艺术，通过这种艺术，他与他人之间的关系以对所有人有利的方式发展。

现在让我们关注"控制注意力"的另一个功能，该功能通过组合原则提出了实现个人权利的方法。

正如我已经说过的，头脑中存在一种化学物质，通过这种化学物质，一个人的思想对另一个人的影响就可以改变个人的思维能力。即使对于没有专门研究心理现象或性格的外行，这一事实也是显而易见的。

我们还看到，在有机化学领域中，某些无害的元素可能会结合在一起而产生致命的毒药。从这些观察中，我们可以安全地假设，从物质的单个原子到人类的一切事物都因存在其他事物而以某种形式被修改或改变。

认识到这些事实，我们便不难假定，思想的结合在头脑中可以转化为一种力量，这种力量与任何一种单独的思想都不同，而且可能比所有这些思想的组合还要强大。

例如，我们从观察和经验中知道，以下的原则，通过思想的组合在头脑中集合起来，可以产生近乎奇迹的思维能力：

（1）目标的明确

（2）自律，通过控制情绪

（3）控制注意力

（4）自我暗示，应用于目标的对象

（5）意志力，积极参与

这是一些原则的组合，这些原则能够产生足够的力量来解决几乎所遇到的任何问题。力量来自组合，而不是来自任何单一原则。让我们看看如何将这些原则应用起来：

一个人在规定的时间内面临着所有问题中最普遍的问题之一，即出于某些特定目标需要一定数量的金钱。解决问题有两种主要方法。第一种，为此感到担忧，但是什么也不做，不去筹集资金。这是处理此类问题的常用方法。第二种，结合这里提到的5个原则，认真赚取金钱。

所需的钱是已知的，一个人已经下定决心要得到它，这就是目标的确定性。

通过想象力使用头脑投入工作来获得金钱，从而解决了所有其他问题。这是控制的注意力的方法。

头脑清除了所有关于无法获得这笔钱的恐惧和怀疑，这是自律。

因此，对恐惧情绪的控制为应用信念做好了准备。

头脑通过想象力，创造出具有同等价值的事物，以换取金钱或暂时使用的金钱，头脑投入工作，直到挑选出一种特定的想法为止，这就是自我暗示。

人们的头脑被反复地暗示，无论需要付出什么代价，无论需要满足什么条件，都将获得所需的钱，而且它就在那里，固定，持续存在。这就是行动中的意志力。

林肯的头脑就像一块钢铁——很难在上面划上任何东西，而且在你划上它之后，几乎不可能擦掉它。

当这5个原则结合在一起，并以不同的方式加以应用，以适应不同的环境，潜意识就会开始工作，并创造出一个计划，有时是各种各样的计划，以此来获得金钱。

如果一个人经历了失败，那是因为在与这些原则中的一个或多个相关联的努力中出现了懈怠。我看到这些原则的结合产生了几乎难以置信的结果。我听说那些非常成功的人认可这些原则的结合，认为它们拥有超强的力量，而他们却没有试图解释原因，因为这似乎是无法解释的。

我刚才提到的5个原则的组合赋予了一项权力，而这项权力并不仅仅属于这些原则中的任何一个。成功的人的经验证明了这一点。首先，我们将听取托马斯·爱迪生的话，在记忆允许的情况下，他对这个问题的陈述被几乎逐字引用：

"你让我，"爱迪生先生说，"说出发明领域最重要的要素。好吧，我可以简单地描述一下。首先，它包括关于一个人想要实现目标的明确知识（目的的确定性）。一个人必须以那种不知道'不可能'这个词的毅力，把他的思维'固定'在这个目标上，并开始寻找他所寻求的东西，利用他所能找到的关于这个主题的所有积累的知识，借鉴他自己的经验，并利用其他人的经验（大师的思维、控制注意力、自我暗示）。他必须不断寻找，不管他的搜寻多少次会进入死胡同（意志的力量）。他必须拒绝受到这样一个事实的影响：别人可能已经尝试过同样的想法而没有成功（自律，控制恐惧和怀疑）。他必须让自己'接受'的想法是，他的问题的解决方案存在于某个地方，而且他会找到它（自我暗示）。"

爱迪生先生接着说，"当一个人下定决心解决一个问题时，起初他可能会遇到强烈的反对，但如果他坚持不懈，继续寻找，他肯定会找到某种解决办法。我从不相信这个计划会失败。（这是5个原则的结合）。"

"大多数人的问题，"他继续说，"是他们在开始实现目标之前就放弃了。"他说的当然是，自我施加的限制使大多数人无法开始工作，如果他们以正确的心态开始并继续前进，他们很容易完成任务。

爱迪生先生说："以我的经验来看，除了会说话的机器外，我不记得曾经通过第一次努力就能找到任何与发明有关的问题的解决办法。最令人惊讶的是，当我发现我正在寻找的答案时，我通常会发现答案一直触手可及，但只有坚持和获胜的意愿才能发现答案。"

现在让我们听听贝尔博士的讲话，他是现代电话的发明者。

"我在寻找生产机械助听器的方法，为失聪的妻子创造便利时，发现了电话的原理。我下定决心要找到我想要的东西，尽管它需要我用我的余生去寻找。在经历了无数次的失败之后，我终于发现了我寻找的原理，并对它的简单性大吃一惊。我更惊讶地发现，我所揭示的原理不仅有利于制造机械助听器，而且还可以作为通过电线发送声音的手段。"

贝尔博士使用了这里描述的所有5个原则，尽管他可能是无意中这样做的。贝尔博士说："我的调查中的另一个发现是，当一个人给他的头脑下达一个命令来产生一个确定的结果，并坚持这个命令，它似乎有一种'第二视觉'的效果，使他能够正确地看到普通的问题。这种力量是什么，我说不清，我只知道它存在，只有当一个人处于一种明确知道自己想要什么并下定决心得到它的精神状态时，它才会变得可用。"

我现在再介绍一个人：约翰·瓦纳梅克，已故的"费城百货商店之父"。

瓦纳梅克先生说："在我职业生涯的早期，我曾多次发现自己需要资金来经营自己的企业，而这些资金我无法通过任何通常的商业或银行渠道获得。每次遇到这样的情况，我都会去公园散步，边走边思考解决问题的新方法。有一次，我需要一大笔钱，因为我们到了淡季，发现货架上堆满了我们无法兑换成现款的商品。我决定在我想到解决问题的方法之前不回商店。我每时每刻都在想着它！大约在2小时后，我突然想到一个主意，让我可以径直走回商店，在15分钟内筹集到必要的钱。最奇怪的是，我一开始并没有想到这个想法。"

在这种情况下，控制注意力以及目标明确性构成了为瓦纳梅克先生服务的组合。也许践行信念是他所使用的原则组合的一部分，但是他没有提及。但是，他确实说过："对于一个已经学会了如何坚定决心解决问题的人，他已经学会了如何解决自己的问题，我怀疑是否存在这样一个现实，那就是无法解决的问题。"这相当于说，对于知道如何运用信念的人来说，没有什么是无法解决的。

现在，让我们听听埃尔默·盖茨博士的话，他是30年前的杰出科学家和发明家之一，他曾参与组织这种哲学方面。

埃尔默·盖茨博士说："有一些隐藏的力量源泉，当一个人下定决心要实现一个明确的目标时，这种力量就会帮助他。借助这种力量，我揭开了200多项发明的秘密，没有一个是我开始探索时所积累的知识中存在的。可以将注意力集中在给定的问题上，并将其保持在那里，直到问题的解决方案似乎从空中飘浮到脑海中。所有问题中最大的问题是保持足够的意志力，使人的思想集中在一个单一的目标上足够长的时间，使人们能够利用这种神秘的内在洞察力的来源。"

当被要求解释"内在洞察力"一词的含义时，埃尔默·盖茨博士回答说："我指的是第六感，通过这种第六感，潜意识似乎可以解决我所描述的心理状态所带来的问题。"

请记住，这些人是拥有成就的人中的一部分。每个人在他自己的领域都是公认的成功人士。

现在让我们听听已故总统伍德罗·威尔逊的描述。

"当1918年德国军事当局提出停战要求时，"总统伍德罗·威尔逊说，"这是我在白宫的两个任期中遇到的最大、最深刻的问题之一。我知道必须做出决定。我知道成千上万人的生命取决于这个决定。我把这个要求搁置了几分钟，闭上眼睛，决心从一个比我自己的理性更强大的来源寻求指导。过了一会儿，我拿起报纸，走出白宫后廊，关着门站在那里，手里攥着报纸，我决心不单凭自己的判断。

过了一会儿（不到5分钟），答案就来了！声音如此明确，如此明显，以至于我回到了书房，以简写形式写下了答复。随后发生的事件证明我做出了正确的答案，因为在我发送该消息仅一小会儿之后，德国皇帝已经被他自己的人民推翻了，正走向流亡之路。"

总统伍德罗·威尔逊所依靠的这种奇怪力量是什么？他没有试图解释它，我们只能推测他的想法，但毫无疑问，有一个事实。总统伍德罗·威尔逊迫使他的头脑去寻求解决一个严重问题的方法，并产生了预期的结果。

似乎在紧急情况下，当一个人被迫把注意力集中在某个确定的问题上时，控制注意力更有效。不要忘记，当被恐惧所驱使时，受控的注意力会产生很大的力量，但这种力量似乎仅限于力量的身体表达。当一个人受到惊吓，他可能会发展出巨大的体力，因为他把所有的努力都集中在某个特定的方向上，但是这种力量与通过信仰的情感而获得的精神力量相比，确实是微不足道的。

受到信仰启发的控制注意力与恐惧产生的力量是截然不同的！如果总统伍德罗·威尔逊本着恐惧的精神专注于对德国政府要求停战的要求的回答，我怀疑他是否会得到他所收获的指导，从而使他能够发出一个结束德国前统治者的答复。

贝尔博士因为妻子失聪的情况意外发现了原理，这使现代电话发明成为可能。当然，"意外"的意义是这样的：它使人们以比通常情况下更集中的方式控制自己的注意力。通常情况下依靠自己的思想的人经历的这些无法解释的结果（有时称为"奇迹"）通常发生在某些特殊情况的压力下，而由于这种情况的本质，他们被迫提高了思想的集中，将注意力集中在确定的主题上。

在这种情况下，两个因素总是存在的。第一，紧急状态将思想的振动提升到一种高度强烈的情绪状态。第二，这种情感集中在一个明确的主要目标上。

控制注意力的目的，就这一哲学而言，是为了使人能够将所有的头脑区域聚集在一起，并利用它们的综合力量来与某个特定的目的相联系。这就是控制注意力的实质。它通过意志力、情感、理性、良心、记忆、想象力、第六感、潜意识来刺激协调行动。这似乎是一个合理的假设，假设这些头脑区域的联合力量，在一定情况下，可以直接接触到无限智慧，在一定情况下，它们可以同时发挥作用。

这个假设似乎更加合乎逻辑，因为它得到了已故的托马斯·爱迪生、埃尔默·盖茨博士、亚历山大·格雷厄姆·贝尔、总统伍德罗·威尔逊、安德鲁·卡内基和其他许多同样有能力的人就如此深奥的话题得出合乎逻辑的结论。

除了一个例外，该假设所基于的事实都是准确的。众所周知，当通过控制注意力来协调思想的8个要素的综合力量并使其在行动中表达出来时，就能使人创造奇迹。使这成为可能的力量之源并不是绝对孤立的，但结果是如此令人震惊，以至于除了无限智慧，不能归因于其他任何一种力量。

然而，这堂课的任务并不是要界定权利的来源，而是要描述一种可行的方法，通过这些方法，人们可以加以利用从而解决日常问题。在履行这一责任的过程中，我不必依赖假设，因为我已经仔细地检验和准确地证明了可以依赖的公式——我知道这些公式是可靠和实用的，因为在各行各业都有取得杰出成就的人成功地使用了这些公式。有超过500名这样的人，他们在多年的合作中，在应用这一哲学的过程中，被特别地询问了这个问题，他们中的一些人这样描述：

可口可乐公司创始人阿萨·坎德勒：

"我对集中精力的价值的看法可以通过以下事实得到最好的表述：我们每年花费大量财富，其唯一目的是将公众的注意力集中在可口可乐这个名字上。你可能会感兴趣，知道这个名字价值数百万美元，但是如果我们忽略让公众的注意力集中在这个名字上，它将很快变得毫无价值。"

亨利·福特汽车公司的创始人亨利·福特：

"我一生的工作本身就说明了我对集中行动的价值的看法。我们的财富、技术人才和我们所有其他资产的合并，其唯一目的是使公众花费尽可能少的成本，获得尽可能多的运输服务。我们业务的成功很大程度上取决于我们从未偏离这一政策。"

靠口香糖发家的小威廉·里格利：

"我对集中精力的想法可以通过检查5分钱的口香糖包装来佐证，我一生都致力于该产品的生产和销售。将我的注意力和资金转移到其他渠道上的诱惑千变万化，但我坚持最初的'明确的主要目标'，因为我从小就意识到，如果一个人分散精力并转移注意力，那么他无法成功。"

（顺便说一句，在经过组织和测试之后，小威廉·里格利是我的个人成功哲学的第一位学生。）

安德鲁·卡内基，启发了哲学组织，并指导了这一哲学组织的早期阶段，他有一个最喜欢的口号，他在每一个适当的场合都表达出来。是这样的：

"把所有的鸡蛋都放在一个篮子里，然后站在旁边守着，不让人踢翻篮子。"

他的意思是，把所有的注意力集中在一个明确的主要目标上。他正是这样做的，在他创立的伟大钢铁工业的过程中，在他积累财富的过程中。

第一款实用、安全剃须刀的生产商，金·格莱特：

"我把所有的注意力和财富都集中在安全剃须刀的生产上，我不仅完成了给自己带来极大满足感和稳定财富的人生使命，而且为数百万使用我产品的人提供了无价的服务。我之所以坚持这一个明确的主要目标，是因为我意识到，一个人一生的时间不足以实现一个以上的主要目标。"

留声机全国经销商，也是爱迪生先生唯一的商业合作伙伴巴尔内斯：

　　"我的工作完全局限于销售和分销留声机，因为早些时候我从爱迪生先生那里学到了集中注意力的好处。我观察到的爱迪生先生性格中的第一个特征是，他习惯于将注意力一次集中在一件事情上。虽然他创造了许多不同的发明，但必须记住，他将所有注意力都集中在发明领域，并且总是一次将注意力集中在一项发明上。比起其他任何一个习惯，他更应该把自己作为发明家的惊人成就归功于这种习惯。"

费城商人巨头约翰·瓦纳梅克：

　　"有目的的控制注意力，是所有人类成功的秘诀。掌握并熟练运用这项艺术的人将自己与其他任何方法无法获得的动力源联系起来。这种力量是什么，如何最好地加以利用和使用，是我活动范围之外的问题，但我确实知道它的存在，这是因为我将其作为我所有业务经验的基础。我可以告诉你，在某些情况下，它变成了足以解决所有人类问题的不可抗拒的力量。"

大北方铁路系统的创始人詹姆斯·J.希尔：

　　"将精力分散到许多不同事业中的人相当于瞄准物体并开枪时闭上眼睛的人。他可能把目标分散向许多不同的方向，却无法击中目标。控制注意力一直是我最大的财富。在我一生的大部分成年时期，我都使用它，尤其是在建设和运营大北方铁路时。"

标准石油公司创始人洛克菲勒：————————

"从我担任簿记员的第一天起，直到这一刻，我一直遵循着将我的注意力集中在一件事情上。控制注意力可以使一个人接触到一种力量，这种力量赋予他某种意义上的事物管理能力。我已经在许多不同的企业和行业中投入了巨额资金，但是我却将大部分精力都集中在了石油业务这一业务上。除了我自己的行业以外，我没有对投资的任何行业给予关注。"

莱特飞机的共同发明人威尔伯·莱特：————————

"我的兄弟奥维尔和我一直遵循着将注意力集中在一个主要目标上的习惯，那就是完善比空气重的飞行器。如果我们分散注意力，我会怀疑我们是否能制造出能够成功飞行的机器。"

五分一角商店伍尔沃思的创始人弗兰克·伍尔沃思：——

"从我提出现代的五分钱和一角钱商店计划的那一天起，我就将所有的精力都投入我的明确的主要目标，即商店的运营上。控制注意力在我们的业务成功中起着比任何其他因素更为重要的作用。模仿者很快以与我们类似的计划进入该领域，其中一些计划做得很好，但是我们仍然坚定地执行我们的原始计划。也许这就是为什么我们这么多年来一直被誉为这一领域的领导者。"

纳什定制服装业务的创始人亚瑟·W.纳什：————————

"我们真正的成功始于我们发现，当所有与之相关的人都把注意力集中在企业的成功上时，一个企业才会兴旺发达。在我们发现这一点之前，我们一直在进行交叉研究。通过将明确的目标、适用的黄金法则和控制注意力相结合，我们将一家破产的企业转变为一家现在向每一个在这家企业工作的人支付足够股息的企业。这3个原则的结合使我们获得了以前从未使用过的力量。"

现代卧铺车的发明者乔治·铂尔曼：

"当我发现一个人只要想做得好，一次只能做一件事，我的经济事务就因此发生了变化。我的所有时间都集中在卧铺车的改进上。这对我享有的成功起到最重要的作用。"

西尔斯·罗伯克公司前所有者朱利叶斯·罗森沃尔德（Julius Rosenwald）：

"控制注意力与目标的确定性，适用的黄金法则和创新致胜思维相结合，使我们公司成为邮购业务领域公认的领导者。在这3个原则中，我要强调第1个，因为没有它，其他两个原则将失去许多经济意义。"

遭受双重性瘫痪后成功致富的威斯康星州农民米洛·C.琼斯（Milo C.Jones）：

"当我失去对身体的掌控后，我将所有的精力集中在一个想法上，即制作小猪香肠，我惊讶地发现，仅靠控制注意力我就能完成比以前多得多的工作。这使我能够充分利用我的身体。借助智囊团原则，我可以利用家族其他成员的体力来进行业务管理，但必要的计划是通过我自己的思维集中于这一单一目标而进行的。"

克莱斯勒汽车公司的创始人沃尔特·克莱斯勒： ————————

"我同意安德鲁·卡内基的观点，一个人把所有的鸡蛋都放在一个篮子里，然后站在旁边守着，不让人踢翻篮子，这是一个合理的政策。我一生中大部分时间都致力于制造和销售高档汽车。把我所有的精力都集中在这个明确的主要目标上。令人惊讶的是，当一个人获得了必要的自律，他能够通过一次只专注于一件事来控制自己的注意力，因此能实现任何成就。无论我取得了怎样的成功，在很大程度上都是由于明确的目标、智囊团原则、创新致胜思维、有组织的个人努力、自律和控制注意力原则应用的结果，特别强调后者。"

许多读者都会记得1933年那悲惨的一年，富兰克林·D.罗斯福就任美国总统。大萧条在人们心中传播了恐惧，整个经济结构处于一种混乱的状态，银行倒闭，企业停业，成千上万的人失业。报纸上充斥着关于"大萧条"的耸人听闻的头条新闻，每个人都在谈论、思考和行动，表现出恐惧和怀疑。

托马斯·爱迪生成为世界上伟大的发明家时，实际上没有受过学校教育，只是学会了一次将全部的注意力集中在一件事上。

作为一个有经验的心理学学生，总统尝试做工作以阻止恐惧的蔓延。他的第一个举动利用了控制注意力的原则——不是为了少数人，而是为了全体人民。让我们分析一下他的行动，因为在这里，我们发现在这个国家严重的紧急事件中，这一理念的许多原则都在实际中应用。

总统的第一步行动是召集国会参众两院的领导人到白宫开会，在会上，他向他们提出忘记党派关系、集中精力于重建人民信心的一项任务。

然后他召集了报社的代表，让他们做出类似的承诺。广播播音员们也参与了这一任务，他们认真地工作，向人们做推广。总统亲自启动了他著名的"炉边谈话"计划并直接与人们进行了交谈。

在这些和其他类似的努力中，人们通过运用控制注意力的原则，一下子聚集在一起，任务目标是恢复对生活方式、对机构的信心，尤其是对人们自己的信心。

结果就像魔术一样！

几乎一夜之间，关于"大萧条"的令人恐慌的头条新闻被删除，而原有的位置上充满着关于"商业复苏"的头条新闻，但其中一个巨大的悲剧在于，很少有人能完全理解引起这种迅速变化的力量的全部意义——集中于明确的主要目标的控制注意力的力量。

紧急情况就在眼前。事实上，这是人民从未见过的全国性紧急情况。在这一紧急情况的严重性的刺激下，人民放下了对种族、信仰和政治倾向的个人偏见，把注意力集中在恢复信心这一项任务上，结果整个经济形势开始从失败走向成功。

这是一个令人印象深刻的例子，我们看到了当人们在一种控制注意力的精神下，融合他们的思想，把他们的综合思维能力放到一个明确的主要目标之后会发生什么。

这一原则对整个国家和个人同样有效！任何一个正常的头脑都有

足够的能量，如果它通过控制注意力被组织和引导到一个明确的目标，从而解决个人生活中的主要问题，更不用说解决小问题了，其中大部分将不复存在。

成功的商人和其他考虑过这个问题的人早就知道，处理棘手的问题的最好办法是先解决最难的问题，并且不害怕或拖延，把注意力集中在问题上面，一直保持这种状态直到找到解决办法为止。令人惊讶的是，当一个人下定决心要解决这些问题时，最令人尴尬的问题会迅速化为乌有。

但这不是普通人处理此类问题的方式。大多数人处理不愉快的问题的方式与懒惰的管家持家、清扫地毯下的污垢一样。小问题不加注意就变成了大问题。

正如一位著名的心理学家解释控制注意力的力量时所说的："如果一个人有坚定的意志力，它会在最棘手的问题的核心上'直接烧穿一个洞'。"他很可能会补充说，控制注意力不仅会在问题的核心上'烧穿一个洞'，它会一直持续，直到它把洞周围的东西都清理干净。

已故的塞勒斯·H. K. 柯蒂斯是《星期六晚报》的前任老板，他在谈到控制注意力的原则时这样说：

"当我第一次购买《星期六晚报》时，看到的主要是它的名字和一些债务。我明确的主要目标是使《星期六晚报》成为全国最大的杂志社。为了实现这一目标，我把所有的注意力、所有的钱以及我和我朋友所有的注意力都集中在这件事上，因此我对杂志的未来充满了无限的信心。

"由于缺乏营运资金，头几年充满了困难，足以使任何一个缺乏信心的人灰心丧气。有些时候，我欠的钱比我卖掉所有的东西，包括杂志社所能筹集到的还要多，有时我的债主也并不慷慨。

"我最亲密的朋友们劝我放弃这个目标，将我的精力投入那些工作量少、营运资金少的工作上。但我已经下定决心要做这项工作，不管需要多长时间，也不管付出什么努力。

"类似的情况我经历了很多年，我被推到了赤字的边缘，好像我永远也逃不出困境了。事实上，除了我自己，其他人都这么认为。

"在那些年的艰难岁月里，我一直把注意力集中在眼前的工作上，而不是听从朋友们的劝说，他们希望我放弃这份工作并辞职。我一直对一个放弃的人感到鄙视，尤其是那些在努力争取胜利之前就放弃的人。

"现在这场'大战'结束了，我赢了！我现在做到的正是我最初所计划的，甚至我的竞争对手也会证明这一点。

"如果要我重来一次，我还会同样坚持战斗吗？是的，我当然会！有一种补偿是经历过激烈战斗但赢得了战斗的人才拥有的，这种补偿形式恐怕别人永远不会知道。"

每当你看到《星期六晚报》时，就对自己说：这里有证据表明，当人拥有明确目标的控制注意力时是无法被击败的。

这就是所有取得显著成功的人的故事。正如安德鲁·卡内基所说，他们都经历了"考验期"，这表明了他们的勇气。我从来没有听说过任何人在没有经历过困难和不愉快的经历的情况下取得了巨大的成功，而在这些"考验期"中最突出的一个品质就是控制注意力。

现在《星期六晚报》是这个国家优秀的杂志之一。这是杂志出版商们羡慕的领域，但我们想知道，每周阅读它的数百万人是否曾经花时间研究它的早期历史，或者知道它是一个人思想的产物——一个有远见、有想象力、有热情、有个人进取心、有毅力的人，在艰难的日子里坚持下来。我也在想，有多少人认识到《星期六晚报》的伟大之处，与它诞生以来来来往往的许多其他杂志相比，其伟大程度几乎与塞勒斯·H. K. 柯蒂斯在其早期历史上所经历的困难是完全相称的。

我特别提到《星期六晚报》，因为几乎每个人都熟悉它。同样的例子，他很可能适用于几乎所有其他的大行业，因为总有一个人或一小群人，他们把心思集中在一个明确的目标上，并在成功到来之前带领企业度过"考验期"。

无论人们在何处，为了达到一个明确的目标，以和谐的精神协调他们的努力，并开始为实现这个目标而努力，他们就会发现自己受到一种神秘力量的帮助，这种力量给他们的努力提供了动力。

让我们在各处都可以认识真理。此外，让我们适当地运用真理，无论它来自何处。

当我们找到一个发现如何与世界和谐相处的人时，就让我们探究他的哲学，尽管我们可能会在他面前嘲笑他，但我们可能会发现坚持和祈祷是有益的！

该哲学原本旨在作为个人成功的哲学，其主要目的是使人们能够在不侵犯他人权利的情况下满足生活的物质需求。卡内基在启发产生哲学的研究时就牢记这一点。但是，自卡内基时代以来，世界环境的变化使我看到了一个全新的世界，一个精神财富的世界，揭示了人际关系艺术的世界。我希望本章的读者能体会到更深的精神。

我努力解释了"控制注意力"和普通注意力集中之间是有区别的，我们要确保自己了解这种差异的性质和程度。"控制"一词是解释其差异的关键。控制注意力是指协调所有思维能力并将其综合能力引导至特定目标的行为。这种行为需要最高级别的自律。它还需要养成控制的习惯。事实上，没有发达的思维习惯的支持，人们就无法控制注意力。

再让我们来思考一下控制注意力的一些情况，即：

当一个人处于一种已经消除所有恐惧和怀疑的状态下，他会把自己的理性、意志力和除情感之外的所有其他思维能力都放在一边。在思想被控制的情况下，他把所有积极的情绪，特别是信念的情绪，对即将形成的成就有如此深的信心，以至于他能看见自己已经拥有了它。在这种控制的注意力下，人与无限智慧有直接的联系，那么答案就会以一个启发性的想法、计划或方法的形式出现，通过这种方式，一个人可以通过自己的努力获得他所希望获得的东西。

这个过程中心态才是最重要的！信念的因素必须存在。一个人有权得到他所希望获得的东西，稍有恐惧、怀疑或优柔寡断的情绪存在，都会带来负面的结果。除了与希望获得对象有关的思想外，头脑必须不受任何其他思想的影响。对实现目标的信念必须持续不断，直到产生所期望的结果。有时这会在几秒钟内发生，而在其他时候，答案可能会推迟几个小时、几天、几个月或几年。

在紧急情况下，当头脑被恐惧所支配，那么很难产生预期的结果。

希望别人实现目标的想法也会失败，这是可以理解的，因为提出这种要求的人心里有某种形式的复仇、贪婪、自私或其他消极情绪，这种想法是不会产生效果的。

卡内基对注意力控制的分析

分析始于1908年卡内基的私人研究，那时我第一次见到并采访了他。

希尔：

卡内基先生，您能描述一下控制注意力在实际生活中是如何应用的吗？

卡内基：

现在让我们来定义"控制注意力"这个词，并确保我们完全理解它的含义。它是将所有的思想的能力结合在一起，并集中起来达到一个明确的目标的行为。把思想集中在某一特定主题上的时间取决于该主题的性质以及人们对该主题的期望。以我自己的情况为例，多年来，我头脑中的主导力量都集中在钢铁的制造和销售上。也有其他人与我结盟，他们同样把他们的主导思想集中在同一个目标上。因此，我们有集体形式的控制注意力的好处，正如它所展示的那样，由许多人的个人精神力量组成，所有人都以和谐的精神朝着同一个目标努力。

希尔：

您能不能像在钢铁行业一样成功地开展其他商业活动？难道智囊团原则不会使这一目标成为现实吗？

卡内基：

是的，我知道人们在智囊团原则的帮助下成功地经营了许多独立的、无关联的生意。但我一直相信，如果他们把努力完全应用于一个行业，他们会做得更好。分散注意力有分权的效果。对于每个人来说，最好的计划就是把所有的精力都投入某个特定的领域。这种专注使人能够专攻那个领域。

希尔：

但是，那些全科医生呢？难道他们没有比专门从事某一特定医学分支的人拥有更多增加收入的机会吗？

卡内基：

不，恰恰相反。如果你有机会聘请一位专家来切除阑尾，就像我曾经做过的那样，你会知道医学专业化是值得的。当我还是个小男孩的时候，一个老家庭医生会花25美元去切除一个阑尾，我想他应该和那个向我收取10倍以上费用的专家一样完成这项工作。但是，我打电话给专家也是一样。

希尔：

同样的规则也适用于零售业吗？

卡内基：

是的，它适用于每一个行业。现代商品销售实际上使老式的百货商店变得过时。虽然最繁荣的商店是部门化的，但它们与旧的百货商店不同，因为每个部门都由一位专家管理，他把所有的时间都花在了这个部门上。你可能会说，现代百货公司不过是一群高度专业化的商店，所有商店都在同一个屋檐下运作，总的来说是一个开销，但这使百货公司拥有更大的购买力，使百货公司比小商店具有更大的优势。

希尔：

那么，您会说百货公司是按照控制注意力的原则来管理的？

卡内基：

百货公司应用个人成功哲学中的这一个和其他原则，特别是有条理的思想原则和明确的目标。

希尔：

那银行业呢？它是否也通过运用控制注意力的原则来管理？

卡内基：

当然！大银行的每个部门，实际上每个部门的每个职位，都是高度专业化的。铁路运输也是如此。实际上，铁路行业的每个职位都是专业化的。升职是自下而上的，担任较高职位的人几乎在所有下属职位上都受过培训，但他们从不承诺同时负责两份工作。钢铁行业也是如此。人们通过把精力集中在专门的工作上而变得高度熟练。在这里，促销也是自下而上的。我们所有的负责人都曾在企业经营端的下属岗位上当过学徒。

希尔：

那么，您相信那些专注于某些专业领域工作的人将会获得未来的更好机会吗？

卡内基：

一直都是这样，而且将来也会如此。

希尔：

教师的职业呢？教师不可能为自己准备好教授许多不同的科目吗？

卡内基：

哦，是的，有可能，但不建议这样做。大型大学不过是一所联合的学院，每个学院专门研究某个特定的教育领域。如果教师把精力投入多样化的学科中效果更好，那么大学早就发现了这一点。

希尔：

为自己的生活做准备的学生呢？他应该专攻某个特定的教育领域吗？

卡内基：

是的，如果他知道自己人生的明确目标是什么的话。否则，他应该把精力集中在普通教育课程上，直到他选择了一个目标，然后他应该通过专业训练继续他的教育。例如，律师通常先修通识教育课程，然后再专攻法律，医生通常也是这样。通识教育给人一种有条理的思想、自律和自力更生的方法，这些都是取得成功的基本素质。

希尔：

速记员呢？应该专注于一项工作吗？

卡内基：

很明显，速记员在获得职位之前必须专攻一项工作。在那之后，他可能要从事一段时间的一般事务工作，但不想继续从事这种工作的速记员在从事一般事务工作时会考虑自己的机会，迟早会专门从事某个特定部门的工作，通过做这些部门的相关工作他可以提升自己的地位。我们时代许多更成功的商业和工业领袖都是从速记这份工作起步的，他们有机会学习上级的工作方法。就行政职责的准备而言，这是所

有类型的办公室工作中最好的。速记员实际上上的是一所由
高技能管理人员授课的学校，并为此获得报酬。

希尔：

那农夫呢？他也应该专攻吗？

卡内基：

是的，他也应该这样，但是通常他不这样做。这是农
业的主要弱点之一。从土壤中赚钱最多的人是专门种植某
些作物的人，例如小麦、黑麦、大麦和玉米。很少有筹集
所有东西的农夫会从他筹集的任何东西中得到很多。

希尔：

簿记员呢？他也应该专攻吗？

卡内基：

是的，除非他满足于始终保持簿记员的身份，否则即
使他专门研究会计的一个分支，他将从他的工作中获得更
多收益。在这一领域，薪水较高的人通常从一般簿记、审
计和会计系统的工作中脱颖而出。这个领域的聪明人发现
它非常有利可图，因为超出一个人规模的每项业务都需要
可靠的交易记录。千篇一律的交易通常无能为力。

每个人都可以参与到任何事务中的一部分，通过这一
部分他可以提供有用的服务并获得公正的补偿。弄清楚这
一部分是什么，并为此做好准备是每个人的责任。所有井
然有序的生活都需要做好准备。在开始准备之前，他应该
知道自己正在准备什么。这本身就是努力的集中。一个没

有明确目标的人，不能专注于完成一件事情并且做得很好，就像风吹过的枯叶。无论机会之风将它带到何处，它将被抛来抛去，但是，就像滚石一样，它不会聚集任何苔藓。不幸的是，大多数人的一生都是这样度过的！

希尔：

你的意思是说一个人在开始接受教育之前应该选择明确的专业目标，并准备好专门从事与此相关的工作？

卡内基：

不，不总是。很少有一个很年轻的人，没有完成他的基础教育就能够采取一个明确的主要目标。在这种情况下，他应该完成他的基本教育，直到高中。如果他仍然不能选择人生的主要目标，他要么去工作，从经验中学习，要么上大学，上一门普通的文科教育课程。在那之后，一个人应该能够决定他想要的是什么。

希尔：

假设一个人选择了一个明确的目标，但在追求了一段时间后，发现自己不喜欢这一目标，或者他找到了自己更喜欢的东西？他应该改变一下吗？

卡内基：

是的，无论如何！在一切平等的情况下，一个人在他最喜欢的事情上会取得最大的成功。一个人选择改变是明智的，只要他不养成每次他所选择的工作变得困难或遇到暂时的失败时都要改变的习惯。从一个行业转到另一个行业会带来巨大的损失。这有点像一个工业工厂，管理从一种产品更换到另一种产品。成功的人迟早要达到专业化的阶段，越快越好。

希尔：

商人从政是明智的选择吗？

卡内基：

如果他想在生意上取得成功，那就不会这样做。从政本身就是一种职业，但是不太可靠。但这是一种职业，在其中最成功的人是那些什么都不做的人。

希尔：

您建议年轻人选择什么样的职业？职业生涯还是商业生涯？

卡内基：

这取决于年轻人，他的好恶、他的天赋、他的身体状况等。总的来说，我想说，商业和工业提供了比职业更广泛的机会，因为职业的道路已经过于拥挤了。实际上，工业才是经济结构的支柱。我从来没有见过一个可靠、忠诚、有能力的人在工业领域找不到自己的位置的时候。大部分更大的财富都是在工业领域产生的，这本身就间接地回答了你的问题，因为大多数人选择的职业都是为了谋生和积累尽可能多的财富。在工业领域，有能力的人总是短缺的，但在职业①上却从来没有短缺过。

希尔：

那陆军、海军或政府部门的职业呢？在这三个服务部门中，有没有合适的机会？

卡内基：

我必须再次指出，这在很大程度上取决于选择职业的人。如果一个人希望应用创造性的努力，他不会选择将为政府服务作为职业，因为他在那里的机会将成为政客们一时兴起的问题。无论是在陆军还是海军，他都会表现得更好，因为这些人在某种程度上远离了政治影响力。有些人在这两个领域都有值得称道的记录，但一般来说，他们都是喜欢那种生活的人。

无论是陆军还是海军，晋升的路线都相当漫长，绝非易事。服兵役需要集中精力和明确限制野心，因为晋升的可能性是事先知道的。有些人天生不适合这样限制自己。他们更愿意在商业或工业上冒险，在那里风险更大，工作更努力，但取得成就的可能性没有任何固定的限制。

希尔：

那么你建议在所有职业中集中注意力，实现专业化？很明显，你相信专业化的想法？

---

① 职业指的是某个机构的某个岗位，或者理解为职员。——译者注

卡内基：————————————————————————————

通过集中注意力实现专业化，赋予一个更大的力量。它可以节省大脑和身体活动中的运动。它与明确目标的原则相协调，这是所有成功的起点。如果你允许我这样描述的话，我相信"一条腿走路"的思想：基于与一个人的主要目标有关的事实的广泛知识，但通过有组织的计划来表达。如果我这样说的话，你可能会更好地理解我的意思，一个人应该有一个用于积累知识的多道思维，但是一个表达这种知识的单轨思维，这就相当于说一个人应该有一个既有一般知识又有具体知识的储备，但他应该集中注意力去运用它达到明确的主要目标。

如果你对渴望足够强烈，可以激发自己始终保持自己的意志力，那么你可能会拥有自己想要的一切。

只有在行动中被组织和表达出来，知识才能赋予人力量。这需要集中注意力。一个人可能是一本活的常识百科全书，我也认识这样的人，但他的知识实际上是没有用的，除非他通过明确的目标，把它组织起来并给予某种形式的表达。

现在，如果你想要一个很好的例子来说明控制注意力的力量，我就给你一个。你是一个年轻人，你的大部分人生都在前方。毫无疑问，迟早你会对婚姻有所考虑，但在你做出选择之前，你可能会仔细考虑一下，分析许多"不确定的风险"，然后再找到一个可以接受的婚姻"前景"。当你找到一个你认为的理想型，观察你会多么迅速和肯定地开始集中你的注意力在这个女人身上！全方位观察你的脚步，因为集中注意力会导致行动的高潮，这不仅适用于婚姻中的配偶选择，也适用于所有其他的人际关系。集中注意力可以带来持久的友谊、永久的商业联盟和其他永久的关系。它会带来重复的成功，随着时间的推移，"成功意识"成为一种习惯。

希尔：

您把"成功意识"说成是一种习惯。我观察到大多数人都有"失败意识"。这种习惯是如何养成的？

卡内基：

与获得"成功意识"的方法一样，把注意力集中在失败和导致失败的习惯上。例如，拖延、恐惧、犹豫不决和漠视机会等习惯。通过自我暗示的原则，一个人支配性的思想和身体习惯成为一个人永久性格的固定部分。把思想集中在任何一个主题上，都会激起一种环境的变化，在这个环境中，思想的物质对应物就被创造了出来。

希尔：

正是通过这种方式，思想变成了物质的东西？

卡内基：

我想说得稍微有点不同。正是通过这种方式，思想把人吸引到它的物质对应物上。思想实际上并没有转化为物质的东西，或者至少我们没有确凿的证据证明它是物质的。但是思想确实吸引了某种情况的结合，在这种情况下，思想的物质对应物被组合或吸引到一个对应物。它通过任何自然手段来达到这个目标。例如，目标的明确性会激发一个人在实现目标的过程中进行身体活动。因此，虽然思想实际上并没有吸引到目标的物质对应物，但它激发了个体通过合理的方法来获得它。

希尔：

那么，您所说的一个人的主导思想会掩盖自己的物质对应物，就没有什么神秘的了？

卡内基：

没有。这种方法和乘法表或语法规则一样容易理解。

希尔：

但也有一些学派的追随者会相信，一个人的主导思想，比如祈祷时所参与的，可以通过一些特殊的法则来吸引他们的物质对应物。

卡内基：

好吧，他们可能是对的，但我从来没有尝试通过任何我无法用自然法则和普通人类关系规则来解释的方式故意从思想中获得任何想要的结果。我从不依赖特殊的法则，因为我真的不知道特殊的法则。

我要说的是：目标的明确性吸引了有利于实现目标的

机会，这种情况往往是如此出乎意料的，以至于显得难以解释。然而，我怀疑，准确的分析会揭示出，每一个结果都有一个完美的逻辑和纯粹的自然原因！有时，我们生活中某些经历的影响与实际原因相去甚远，以至于我们完全忽视了原因。

我给你举一个很好的例子来说明我的意思：几年前，我请了一位年轻人，他一直担任我们一位高管的秘书，这位高管几乎没有做任何解释，就把这位年轻人提升到了一个高管职位，薪水也大幅提高。年轻人很惊讶并且告诉他的一个朋友，他觉得升职是个"奇迹"。

对他来说，这可能是个奇迹，但让我告诉你这是如何发生的！那个年轻人养成了某些好习惯，使他在更高的职位上更有价值。例如，他比部门规定的上班时间早半个小时到办公室，在部门其他人回家后一个多小时还没有下班。很多时候他晚上回到办公室，因为有额外的工作要做。没有人让他这么做，他做这些事没有得到额外的报酬。但是，他完全是自己主动行动的，因此他向管理层表明他具有高度的个人主观能动性。现在，请记住，个人主观能动性是一种罕见的品质，它是那些在任何行业中承担领导责任的人的主要要素之一。好吧，"多走1公里"的习惯是吸引我们注意这个年轻人的首要品质。

在他以这种有利的态度引起我们的注意之后，我们也注意到他有一种习惯，即比从事类似工作的人更干净利落地工作。

然后我们注意到他有着丰富的热情，通过这种热情，他激励周围的人以正确的心态工作。我们派了一名调查员调查年轻人，发现他正在上夜校的工程学课程，从而证明他有明确的目标。调查人员还发现，这个年轻人的家庭生活很和谐，他受到邻居的欢迎，从而证明他有一个迷人的个性。

现在，鉴于这些发现，你有没有看到任何与他升职有关的，带有特殊或奇迹感觉的东西？然而，这些奇迹使一些人取得了进步，而周围的人，他们受过同样多的教育和同样多的知识，却无法取得成功。

我们提拔这个年轻人，是因为他凭着自己的习惯、自己的心态和自律，赢得了晋升的权利。当升职这件事发生时，它是升职的自然原因。也许升职对他来说像是一个奇迹，因为它早在他计划之前就出现了。这是一个人为自己准备过更好的生活做好准备的另一件事。美好的事物总是在人们期待之前出现。

希尔：

您认为所有成功的人都是通过相似的场景获得成功的吗？

卡内基：

我肯定！我有幸提拔的人和其他任何一个实业家提拔的人一样多，如果不是更多的话。我仔细分析了每一次升职的原因，我可以肯定地说，每一次升职都是被提拔的人提前获得的。我参与这项交易的唯一一部分是发现那些获得晋升的人，一般来说，我不必在这个方向上花太多时间，因为那些为晋升做好准备的人养成的习惯是如此明显，以至于一个聪明的雇主不能忽视这些习惯，而如果他成功了，他必须永远坚持下去寻找有能力承担责任的人。

你可能会认为晋升对晋升的人来说是一种恩惠，但是我告诉你，对晋升的人来说，晋升对他的好处并不比提拔他的人大，只要他能挑选出有资格晋升的人。但是，归根到底，所有的晋升都是通过自我约束、训练和准备而获得的。

希尔：

那么，您不相信在这种情况下，机会或运气会偏袒一个人吗？

卡内基：

只有在这种程度上，有时一个人升职的时间是某种形式的运气或机遇的结果，例如他被提升到的职位上的人去世了，或者紧急需要被提拔的人所拥有的某种特殊的才能，但运气只与时间有关。这样一个有资格升职的人迟早会得到升迁，运气也很好，每个人都会通过准备和养成的习惯，自然而然地把自己放置到属于自己的地方，就像水从山上往下流一样自然。没有什么能改变这一点，不管人们用什么名字来定义这种际遇。他可以称为幸运，或任何他喜欢的东西。但让我告诉你，任何人唯一能依靠的运气，就是他通过为生活中所渴望的任何东西辛勤准备而为自己提供的运气。

希尔：

您的分析表明，控制注意力是一个人准备升职或达到任何明确目标的一个重要特征。

卡内基：

　　是的，你可能会说这是一个不可或缺的功能。一个人如果不集中注意力，就不可能养成自律的习惯，而这种习惯是为达到一个明确的目标做准备的必要手段。他应该练习这种艺术直到它成为一种习惯。首先从日常工作中的一些小细节开始，在这些细节中，人们有明确的动机集中注意力。如果一个人轻视他作品中的小细节，他一定会轻视更重要的特征。通过集中注意力，细节是一种无价的美德。

希尔：

　　但是，卡内基先生，忙碌的高管们不会把时间花在处理与职责相关的小细节上，这不是真的吗？

卡内基：

　　没错，但你忽略了一个重要的事实。成功的管理者通常是通过首先掌握细节的技巧来获得职位的。如果他仍然是一个成功的执行官，他必须是注重细节的人，但他通常会把一些次要的细节交给下属代他行事。因此，通过运用智囊团原则，他可以继续关注所有必要的细节。

　　一个人所做的事或他能影响别人做的事是有报酬的。因此，他可以增加自己与其他人的效率，从而提高自己的效率。一个善于让别人完成工作并把工作做好的人比做这件事的人更有价值！但是，他必须知道细节。如果他不这样做，他就不知道如何将处理细节的任务交给下属。

希尔：

控制注意力是否会带来其他好处，而不是像你提到的那样在人际关系中的应用？

卡内基：

是的，还有很多其他好处！让我们列举几个主要的好处：首先，控制注意力是个人通过自律获得对自己思想的能力的控制的方法。这很重要，足以证明人们可能会一直养成集中注意力的习惯，此外还有其他好处。

这是养成所有习惯的主要手段！

这也是消除不良习惯的一种手段。

它可以用来清除恐惧和怀疑的思想，从而为践行信念铺平道路。

它是一种可以清除思想进行祷告的媒介，因为专注于确定的愿望，本着一种信念的精神，就是祈祷。

所有这些都是个人可以通过集中注意力而无须与任何人接触而享受的好处。

希尔：

从您的分析看来，控制注意力与身体和大脑的每一种功能都以某种方式关联。

卡内基：

那是真的！您可能会说，它与大脑和身体的每一个功能，以及每一个重要的人际关系都有联系。您还应该注意到，控制注意力是一种自我催眠，通过这种催眠，一个人可以为生活中遇到的任何情况做好准备。强烈的思想集中使人受益于被称为催眠的奇怪的精神状态的力量。有些人已经有效地利用这种力量来治疗某些疾病。当它与意志力结合在一起时，它可以用来控制悲伤和失望。

希尔：

控制注意力不总是意志力使然的结果吗？

卡内基：

不，它可以通过情感或者意志力来运用，它也可以通过情感和意志力的结合运用。当它被意志力所运用时，它就成了情感的主人！

希尔：

这就是一个人可以把所有情绪置于意志力控制之下的方法吗？

卡内基：

对！在意志力的帮助下，把注意力集中在某个特定的主题上，使情感无法表达。一般来说，这种秩序是可以颠倒过来的，在情感的帮助下，头脑可能会如此强烈地集中在某一特定的主题上，以至于意志力变得无力运作。在任何特定的情况下，情感和意志力之间的选择都是由个人决定的。

希尔：

情感和意志力哪个更安全？

卡内基：

意志力是更安全的，只要它与理性和良心相结合。情感和理性常常不一致。这是一件给很多人带来麻烦的事情。他们允许自己的情绪完全支配，而不受理性的影响。有高度自律能力的人有能力表达自己的意志力或情感，或者根据自己的选择，将其中一种压制为另一种，这是自我控制的理想境界。

希尔：

从您所说的，我推断出，使人超越恐惧、悲伤和气馁的一般限制的那种思维力量，是一个人只有在有明确目标的支持下，控制注意力才能获得的。也许那些超越平庸，在自己选择的职业中，为自己赢得高位的领导者，就是那些养成了集中注意力的习惯的人？

卡内基：

是的，这是事实的最好证据，我们可以发现，世界上更成功的人，从记录来看，一直都是有想法的人。也就是说，他们为了达到某种单一的目标而产生了一种执着，他们把大部分时间和思想集中在这个问题上。认为"一心一意"是一句空话，这常常是一个错误，因为它可能意味着卓越的荣誉。

当一位朋友问到什么是最大的人类问题时，一位杰出的哲学家回答说："最大的问题？每个人面临的最大问题是学习如何将自己的思想的力量集中在自己的问题上，直到他在这些问题上'烧掉一个洞'。"

我完全同意这一说法。

有件事一直让我感到惊讶，为什么这么多的人浪费足够的精力来担心问题，如果将这些精力集中在明确的目标上，他们就能够找到解决方案。

希尔：

生活中有明确的主要目标并致力于实现目标的人们是否会担心与没有目标的人一样的问题？

卡内基：

不，他们没有！目的的明确，以实现目标的计划为后盾，往往会为了实现目标的唯一目的而节省能量。忧虑是不确定的人的心血结晶，在人们决定对任何问题要采取的行动并开始执行决定的那一刻，他通常就不再浪费精力去担心它。

希尔：

行动必须伴随着决定，但是，拥有决定却不采取实际行动，可能仍然会留下一个担忧的余地？

卡内基：

你的想法是对的。集中行动最伟大的形式之一是在明确的目标（通常称为工作）的背后进行努力。我知道这可以治愈身体上的疾病，这是治疗精神紊乱的好方法。大多数所谓的"坏脾气"都可以通过一些体力劳动来治愈，这些体力劳动足以使人流汗。

分析一个忙碌的人，无论你选择什么方式，观察他在忧虑上浪费的时间有多少。而且，如果他碰巧是一个懂得集中注意力的人，通过思想和实际行动的协调，你会发现他不会把一秒钟花在忧虑上。

但你会发现，他果断而迅速地做出决定，他主动行动，不用别人的监督和督促，他有着充沛的热情，对自己充满信心，有足够的信心推动他追求自己的目标。

希尔：

是的，我现在明白您为什么说控制注意力是一把万能钥匙，它一方面可以打开解决许多问题的大门，另一方面也可以打开通往更大机会的大门。

卡内基：

这个说明非常清楚！也可以这样说：控制注意力把我们不想要的东西锁住，打开我们想要的东西的门。因此，它在理论上和事实上都是万能钥匙。

希尔：

控制注意力会变成一把万能钥匙，锁上你不想要的东西，并为你想要的东西打开机会之门，因为它使你的思想处于一种被称为信念的精神状态，对吗？

卡内基：

这从字面上讲是正确的，但控制注意力不仅是为信念铺平道路，它还激发人们的信念背后的实际行动。它还激发其他成功品质，如热情、主动性、自律性、明确的目标、创新致胜思维和有条理的思想。

控制注意力使头脑具有支配思想、目标和目的的性质，从而使人总是在寻找与支配思想有关的每一件必要的事情。

例如，一个人下定决心要找一个更负责、薪水更高的职位。从他决定要找这样一个职位的那一刻起，他就会在报纸上的招聘专栏上搜索，并在朋友中进行询问。他的想象力会变得更加敏锐，他将开始想出各种方法来找到他想要的东西。当他把注意力集中在这个主题上时，他会扩大他的搜索范围，直到他最终找到他正在寻找的东西。机会可能来自一个他最不期望的来源，但仔细分析几乎可以肯定地证明，它来自某种身体活动，或是他说的话。

专注于一个明确的目标，以一种热情的精神状态，使潜意识致力于建立实现这个目标的方式和方法。

我听有经验的侦探说，很少有犯罪行为是不能集中注意力解决的。通常没有任何证据表明犯罪者是谁，但经验丰富的侦探可以掌握这样的案件，并通过向罪犯提问的简单过程，很快发现导致解决问题的线索。控制注意力是侦探破案的最大帮助方法。事实上，许多成功的侦探在这一领域除了敏锐的观察力和高度集中注意力的能力外，没有其他突出的品质。如果这两种品质在解决犯罪中是有用的，而且显然的，它们同样有助于解决其他类型的问题。

希尔：

是的，我可以看出，敏锐的观察力可能有助于寻找隐藏的自我提升的机会，就像在侦查犯罪方面一样。那么如何培养敏锐的观察力？

卡内基：

这是基于动机的习惯的结果。当一个人采取一个明确的主要目标，并以实现它的强烈动机支持它时，他就会自动地发展出敏锐的观察力，这种敏锐性与每个事物和每一个人都有着密切的联系，甚至可能与实现这个目标有着遥远的联系。你看，动机用一种吸引一切影响动机的力量来吸引人的思想。

一个警察日复一日地走在一条确定的街道上，他会比那些只是偶尔去那里的普通人看到更多的东西，而没有特别的理由去观察附近的细节。

据说一个印度战士或猎人可以在森林里追踪一个人或一个动物留下的痕迹，这些痕迹未受过训练的人无法看到。印度战士或猎人训练自己，通过控制注意力进行追踪，可以观察到未经训练的人永远不会看到的细节，他的动机是自我保护。印度战士或猎人在观察环境的细节时变得警觉起来，因为他的生活依赖于环境。

按照上面的说明，你会发现，大多数所谓的"白手起家"的人都有敏锐的想象力、主动性、自力更生和毅力，这主要是由于他们被赋予了责任，被迫培养了这些品质。他们对引导他们成功的行动有明确的动机。没有强迫症动机的人就是没有权利的人，或者，如果他偶然获得权利，他将无法长期拥有权利。

希尔：

您的例子似乎表明动机可能是教育的一个重要因素。能激发学生学习动机的教师，比那些在考试时因害怕失败而强迫学生学习的人，可能教给学生更多的东西。

卡内基：

　　你已经指出了教育学中最重要的因素之一。同样的理论也适用于雇主和雇员，父母和子女之间的关系。引导任何人做任何事的最好办法是提供一个足以引起他的注意和引起他的渴望的动机。

　　以你自己的人生使命为例。你明确的主要目标是组织个人成功哲学。虽然你的工作可能看起来令人生畏并且所需的时间很长，但幸运的是，你可以通过几乎所有的基本动机吸引人们传播这种哲学。因此，没有必要试图强迫人们接受它，因为它为所有正常人最想要的东西提供了一种切实可行的方法，尤其是以下这些东西：

　　（1）物质财富
　　（2）爱情
　　（3）身心自由
　　（4）个人表达欲
　　（5）自我保护

　　无论何时，只要你能通过这5个动机向其他人提供吸引他的东西，你都可以确信人们已经准备好并愿意接受。在这里，你有5个最强烈的动机促使人们在更重要的生活环境下采取行动。因此，没有一个哲学教师会发现有必要惩罚任何一个哲学学生，以影响他学习。学习的动机已经存在于所有正常成年人的心中！

　　出于同样的原因，没有一个学哲学的学生会发现很难把注意力集中在哲学的研究上。而且，你知道这一哲学给学生带来了什么好处，因为所有的习惯都与性质相似的习惯有关。在学习和应用这一哲学的过程中，控制注意力的习惯会培养出其他专注的习惯，从而产生一系列与富裕和个人成功相关的动机。

正是这种动机多样性的特殊性，促使人们掌握和运用这一哲学，并使我能够展望未来，预见它将聚集势头，成为全国性的影响。

基于这个事实，你可能会从中找到自己把20年或更长时间的暂时无利可图的研究献给哲学组织的主要动机，在它被公众证明和接受之前，你将被迫这样做。你也将响应我所提到的5个动机，因为你的工作通过每一个动机都会带来回报。

有了这个理论，我现在准备告诉你，你余生的大部分时间将致力于组织和传播这一哲学。你已经对你面前的工作产生了足够的兴趣，使我能够预言，在你的工作完成之前，你不可能会辞职。你会坚持下去，因为你愿意这么做。你的愿望至少有5个强烈的动机。因此，你将注意力集中在你的工作上是没有困难的。但如果你不这么做，你会有很大的困难。

希尔：

现在，卡内基先生，既然个人成功哲学是为人民服务的，您能分析一下在自我提升的机会，解释一下为什么在现有经济体制下，集中精力才能取得个人成功？

卡内基：

是的，但是在明确集中注意力的真正原因之前，分析必须分解成许多主题。

我们已经解释了为什么一个人必须掌控他思想的力量，并且一次集中在一件事情上，因为这是个人自我控制的方式，个人力量是建立在这个基础上的。现在，让我们把注意力转向外部环境，在为实现明确的主要目标而奋斗的过程中，如果他的雄心壮志不能使他更进一步的话，他必须为达到一种单纯的生活而奋斗。

首先，让我们注意到，现有的生活方式是建立在政府体系之上，该体系旨在巩固所有人的力量，自然而然地为每一个公民提供最大限度的个人自由并且通过自己的主动性，按其为他人服务的价值比例推销其才能的权利。

希尔：

人们可以拥有各种各样的个人晋升和提高的机会，是人民在政府形式上集中力量的直接结果。因此，正是集中精力，大规模地应用，使每个人都有权利集中精力于自己选择的工作？

卡内基：

这完全说明了问题。大规模集中力量为个人提供了享有集中注意力特权的环境。因此，在世界上已知的人际关系体系下，权力集中成为防止人身权利和财产权受到干涉的一种形式。

现在让我们看看，在这个体制下，人们用他们享有的特权做了些什么，因为这里存在着各种各样的个人机会。

首先我们认识到，我国基本上是一个工业国家，其主要业务是制造和销售有用的物品。在一个被称为"自由企业"的工业管理体制下，生产和分配都是由人们自己进行的，这种体制是以利润为动机的。它不会在任何其他制度下为所有人的利益而运作，因为必须有激励各行各业行动的动机。

我们的工业系统背后有一个动机，这个动机是有弹性的，足以为所有与之相关的人提供必要的灵感，使其能够尽最大的努力采取行动，因为这个体系根据个人的天赋、教育、经验和聪明才智支付报酬。这个体系对个人的才能没有权宜之计，但它的设计非常巧妙，它鼓励每个人尽其所能提供最大的服务，事先知道他的报酬将与他所提供的服务成比例。这个体系鼓励发展明确的目标、个人的主动性、自力更生、热情、想象力、创新致胜思维、有条理的思想，以及其他成功的原则包含在这一哲学中。

现在让我们看看，我们在一个公司体系下运作，在这个体系中，最基层的人可以根据自己的财力获得利益，而大公司，如铁路公司、钢铁工业、电话和通信公司，这些公司的所有人几乎代表了每一个行业的每一类人，他们把自己的积蓄投资于这些公司的股票。

为了方便股份所有人收购和出售其持有的这些股份，我们设立了一个证券交易所，任何人都可以出售或购买任何上市公司的股份，这些公司有权向公众发售其股份。因此，各行业的所有权是如此的灵活，以至于它从来不会连续两天保持不变。

在这里，我们再次看到了大规模的集中：数百万人的积蓄集中在经营工业的公司的股份上。经营状况良好的公司的股票是如此的灵活，以至于在紧急情况下，它们的所有者可以用它们作为在银行借款的抵押品，而不会失去对公司的兴趣。因此，一个人可以把他的钱投资于经营工业的公司中，但仍有其他用途。

经营这些行业的人是由被称为"管理层"的人和其他被称为"工人"的人组成的，这两个群体可以是企业的所有者，也可以不是他们选择的企业所有者。然而，一般来说，在这两类人中工作的大多数人都拥有他们工作的企业的股份。因此，从更广泛的意义上说，他们是为自己工作的。这是另一种为人们提供适当动机的方法，在他们的能力、教育和经验范围内提供有用的服务。

在所有管理较好的公司里，公司给每个员工都敞开个人晋升的机会之门，这是一种惯例。因此，如果一个人有志于获得更好的职位，或者能够通过自己的经验来发展这种能力，就不需要继续处于基层岗位。

个人晋升制度是如此有效，以至于许多大公司都有"人才童子军"，不断地寻找有领导能力的人。一直以来，也许永远都不会出现高级管理层人员短缺的情况。这种情况为工人发挥个人主观能动性、想象力和机敏性提供了极大的动机。在人类历史上，从来没有人在经济学领域设计出一个更为有效的人际关系体系，因为它显然为每个人提供了一个施展才华的渠道，而且通过学习和专门的培训课程，为每个人提供了一个充分的动力来提高自己的才能。

希尔：

那么，对于那些掌握并运用这一哲学原则的人来说，进步是迅速而肯定的，这是正确的吗？

卡内基：

当然！这就是组织哲学的目的，使有抱负的人学会如何集中所有的注意力去达到他们所渴望的人生地位。

现在，总结一下我提到的所有这些因素，并观察我一直在描述的生活方式，在这种生活方式下，每个人都可以利用和受益于这种巨大的力量，这种力量是通过集中和利用人民的财富和才能而发展起来的，包括特殊能力和教育设施。

希尔：

那么，您认为一个人可以在自己身上做出的一个重大改进就是把他的全部精力集中在与现有生活方式有关的某些明确的主要目标上？

卡内基：

是的，这就是我的个人成功哲学的目的。它的目标是让每个人都能从现有生活方式产生的成功的人身上学到有效的东西。

哲学是理论和实践相结合的健全的基础，与现有的生活方式相协调。它不仅解释了为了获得个人成功应该做什么，而且还描述了如何去做！整个哲学是对人际关系规则的高度集中的呈现，这些规则被认为是合理和可行的，因为它们已经被尝试并被发现是有效的。

希尔：

我想，你对人们的建议是，充分利用现有的生活方式，让自己过得足够好？

卡内基：

是的，我的建议是让现有的生活方式保持原样。那些认为我们的经济或社会制度的任何部分都应该得到改善的人，应该从他们建议的改善开始，把它们应用到自己的生活中。如果有人认为他可以改善现有的生活方式，让他先证明他的计划是正确的，让这种生活方式在自己的生活中发挥作用。如果他的制度比我们现在的制度更好，我们其他人就会乐意接受。

希尔：

卡内基先生，在这些集体努力中，缺少哪些因素将阻碍他们的成功？它们似乎是基于所有有关方面的共同同意而集中努力建立的。

卡内基：

很多要素都不见了。第一，使个人尽最大努力、主动行动的利益动机缺失。第二，自决精神缺失。如果剥夺一个人独立的愿望，你就会剥夺他的主动性、热情、想象力和自律性。当一个人放弃独立的权利时，他也会相应地放弃他的热情和雄心壮志，缺少的一个最基本的因素是，通过将大量财富与同样庞大的人力资源相结合而获得的权利，就像我们在现有的生活方式下所享有的那样。

如何掌控自己的思想

　　仔细阅读这本书的各个章节，读者就会了解到卡内基多年前教我的东西。一个人必须通过创新致胜思维来认识机会，构思如何通过有条理的思想来利用机会，并且控制头脑的活动，并通过控制注意力将它们引导到指定的目标。你将拥有自己的思想，并准备好采取必要的行动来实现你的目标。

　　托马斯·杰斐逊决定采取行动时，没有任何意外的障碍能使他偏离方向，因为他已经经过了周全的思考。

　　你是自己人生的建筑师。

—— 弗兰克·钱宁·哈多克

关于
作者

　　拿破仑·希尔于1883年出生在弗吉尼亚州怀斯县。在他开始担任《鲍勃·泰勒杂志》的记者之前，他曾担任过秘书、当地报纸的"山地记者"、煤矿场和伐木场的经理，并就读法学院。直到遇见钢铁大王安德鲁·卡内基，他的人生发生了重大改变。卡内基敦促希尔采访那个时代伟大的实业家、发明家和政治家，以发现引领他们走向成功的原则。希尔接受了这项挑战，这项挑战持续了20年，先是为图书《成功法则》奠定了基础，后来又成了图书《思考致富》的基石，这本书是财富积累的经典著作，也是同类书中的畅销书。